NCS기반

몸매균형관리학

최선화 | 안미령 | 김나영

구민사

저자약력

최선화 삼육보건대학교 뷰티융합과 의료미용 전공

안미령 삼육보건대학교 뷰티융합과 의료미용 전공

김나영 삼육보건대학교 뷰티융합과 의료미용 전공

NCS기반 **몸매균형관리학**

초판인쇄 | 2022년 2월 15일
초판발행 | 2022년 2월 28일

저　　자 | 최선화 · 안미령 · 김나영
발 행 인 | 조규백
발 행 처 | 도서출판 구민사
(07293) 서울시 영등포구 문래북로 116, 604호(문래동 3가 46, 트리플렉스)
전　　화 | (02) 701-7421~2
팩　　스 | (02) 3273-9642
홈페이지 | www.kuhminsa.co.kr
신고번호 | 제 2012-000055호(1980년 2월 4일)

I S B N | 979-11-6875-024-1(93590)
정　　가 | 18,000원

PREFACE

NCS기반 몸매균형 관리학은 수행준거를 바탕으로 하여 지식, 기술, 태도를 학습하고 산업현장에서 전문가로서 활용할 수 있도록 미용인을 양성하는데 목적을 가지고 있다.

본서는 전문가로서 현장에서 필요한 실무교육 과정에 필요로 되는 이론과 실기교육 및 실기평가표를 구성하여 학습자, 교수자가 학습내용을 파악하고 있는지를 체크할 수 있다.

최근 NCS를 기반으로 피부미용 몸매 분석, 몸매각질관리, 몸매전면관리, 몸매후면관리, 몸매 팩・마스크, 몸매 마무리관리에 이르기까지의 내용을 산업현장에 필요로 되는 내용을 학습하기에 충분하다고 본다.
현재 현장에서 피부미용 업무에 종사하고 있는 전문 에스테티션과 테라피스트의 지침서로 활용되고 도움되기를 바란다.

현대인들의 몸매균형(밸런스)은 단순히 아름다움만을 나타내는 것이 아니라 건강의 지표가 되고 더 나아가 삶의 질에도 많은 영향을 미치고 있음을 알아야 한다.

끝으로 몸매균형(밸런스)를 공부하는 학습자, 교수자가 이 책을 통하여 올바른 지식과 정보를 얻어 활용할 수 있기를 바란다.

이 책의 출판을 위해 적극적으로 도움주신 도서출판 구민사 조규백 대표님과 직원 여러분께 깊은 감사를 드린다.

저자대표

CONTENTS

PART 01

피부미용 몸매 분석하기

PART 02

피부미용 몸매 각질관리하기

PART 03

신체피부미용 전면관리하기

CONTENTS

PART 04 신체피부미용 후면관리하기

PART 05

피부미용 몸매 팩 · 마스크하기

NCS기반 몸매균형관리학

PART 1

피부미용 몸매 분석하기

1-1 몸매분석

1-2 몸매분석표 작성

1-3 학습평가 방법

1-1 몸매분석

학습목표

1. 고객의 현재의 몸 상태를 파악할 수 있다
2. 문진, 견진, 촉진을 통해 선천적 몸매와 잘못된 습관에 의해 만들어진 몸매를 구분할 수 있다.
3. 몸매 문제점을 파악하고 체형의 특징을 분류할 수 있다.
4. 몸매관리 목적에 맞는 피부미용기기와 기구 및 제품을 선택할 수 있다.

1. 몸매분석의 이해

선천적 몸매와 습관적으로 만들어진 후천적인 몸매를 문진, 견진, 촉진을 통하여 분석하고 파악하는 것을 말한다.

2. 몸매분석 방법

1) 문진법

고객에게 질문하여 자료를 수집하는 방법으로 선천적(유전적)몸매인지, 생활 습관에 의한 체형 변화인지를 구분하는 데 이용된다.

2) 견진법

육안으로 직접 보는 판별하는 방법으로 몸매의 상하 또는 좌우의 대칭 정도로 몸매 균형을 분석한다.(예 : 밸런스 측정도구를 이용한 몸매분석)

[그림 1-1] 문진법

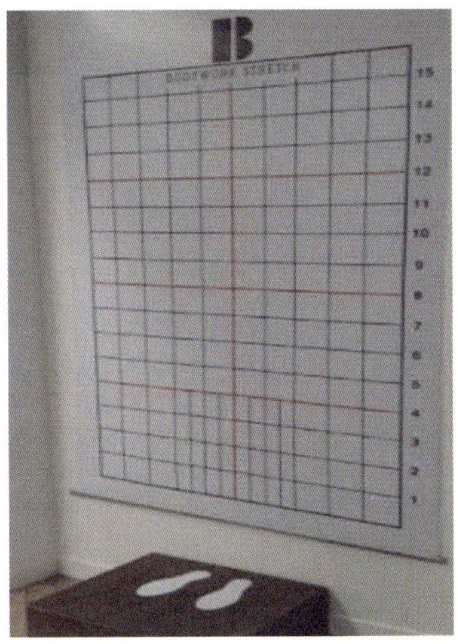

[그림 1-2] 체형밸런스

3) 촉진법

직접 만져 보거나 근육을 잡아 봄으로써 몸매 상태를 판별하는 방법으로 몸(body)의 부분별 피부조직의 탄력, 두께, 압통 유무, 근육과 지방의 정도 등을 분석한다.

4) 기기 및 도구를 이용한 측정법

체성분 분석기(인바디)를 이용하여 신체지수(BMI)와 부위별로 근육량과 체지방량의 정도를 파악하거나, 캘리퍼(Skin-fold caliper)를 이용하여 피하 지방의 정도를 파악한다.

BMI(Body Mass Index) = 체중(kg)/신장(m)^{2}을 활용하여 체질량지수를 계산하여 비만도를 측정하는 지표로 이용된다. 보통 18.5 미만 저체중, 18.5~23 정상, 23~25 비만 전 단계, 25~30 비만 1단계, 30~35 비만 2단계, 35이상은 비만 3단계로 구분한다.

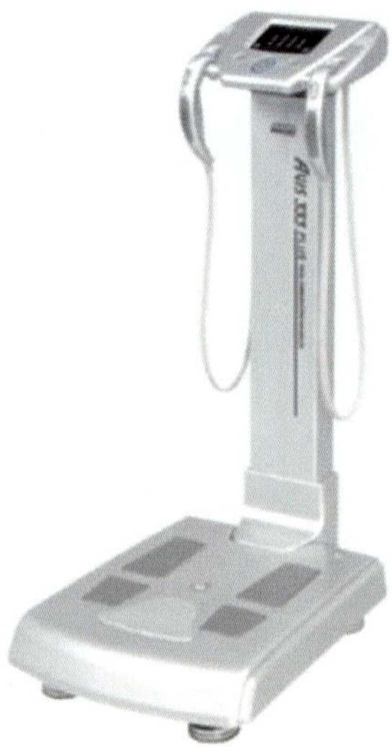

[그림 1-3] 체성분 분석기

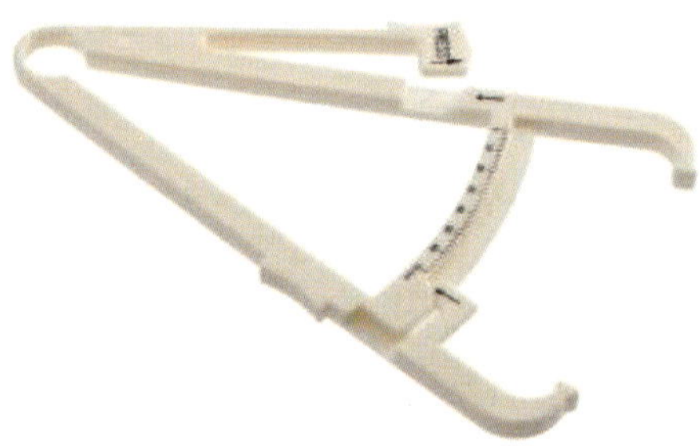

[그림 1-4] 캘리퍼

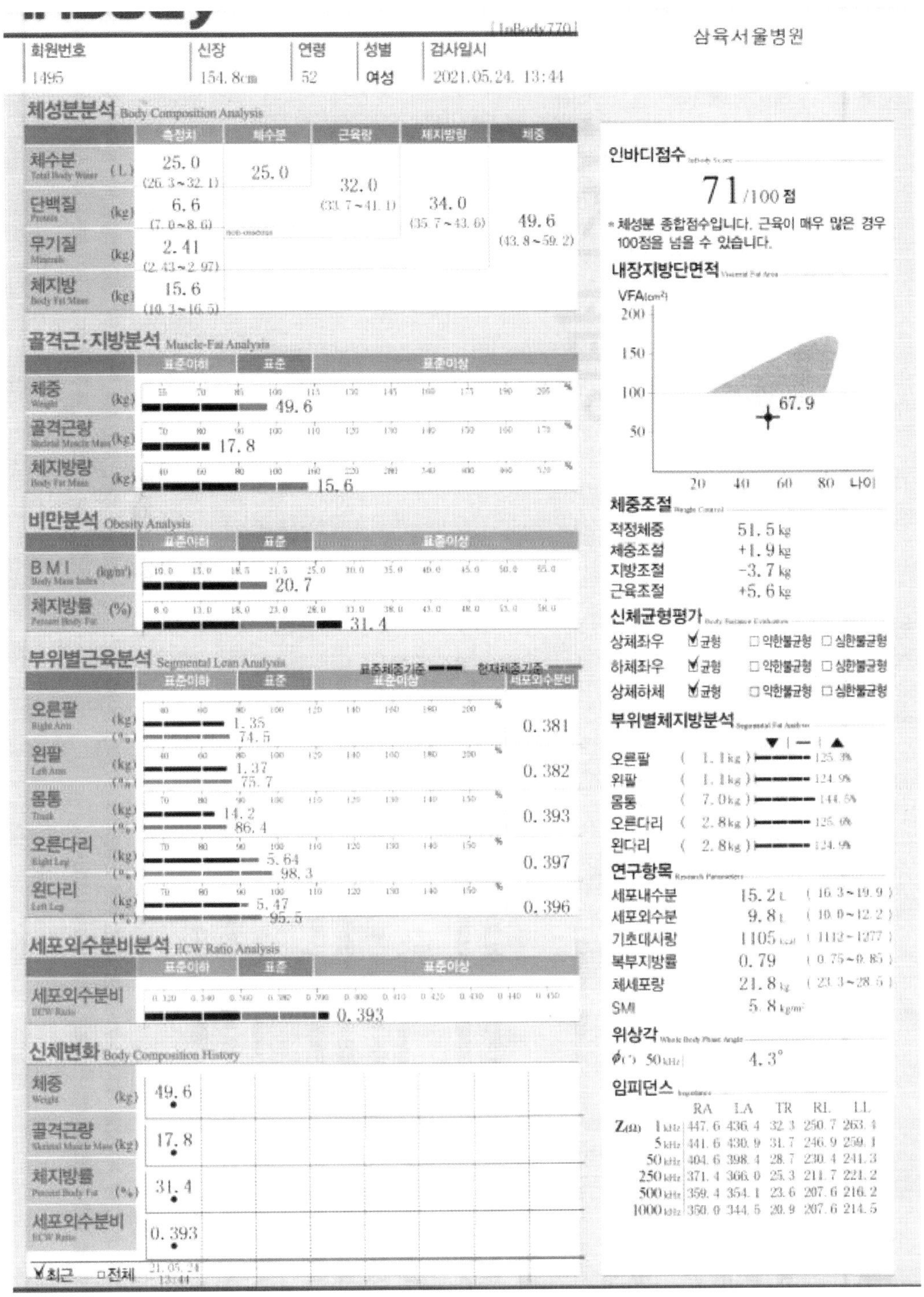

InBody [InBody770] 삼육서울병원

회원번호	신장	연령	성별	검사일시
1495	154.8cm	52	여성	2021.05.24. 13:44

체성분분석 Body Composition Analysis

	측정치	체수분	근육량	제지방량	체중
체수분 Total Body Water (L)	25.0 (26.3~32.1)	25.0	32.0 (33.7~41.1)	34.0 (35.7~43.6)	49.6 (43.8~59.2)
단백질 Protein (kg)	6.6 (7.0~8.6)				
무기질 Minerals (kg)	2.41 (2.43~2.97)				
체지방 Body Fat Mass (kg)	15.6 (10.3~16.5)				

골격근·지방분석 Muscle-Fat Analysis (표준이하 / 표준 / 표준이상)

	측정치
체중 Weight (kg)	49.6
골격근량 Skeletal Muscle Mass (kg)	17.8
체지방량 Body Fat Mass (kg)	15.6

비만분석 Obesity Analysis

	측정치
BMI Body Mass Index (kg/m²)	20.7
체지방률 Percent Body Fat (%)	31.4

부위별근육분석 Segmental Lean Analysis (표준체중기준 / 현재체중기준)

	kg	%	세포외수분비
오른팔 Right Arm	1.35	74.5	0.381
왼팔 Left Arm	1.37	75.7	0.382
몸통 Trunk	14.2	86.4	0.393
오른다리 Right Leg	5.64	98.3	0.397
왼다리 Left Leg	5.47	95.5	0.396

세포외수분비분석 ECW Ratio Analysis

세포외수분비 ECW Ratio 0.393

신체변화 Body Composition History

	21.05.24 13:44
체중 Weight (kg)	49.6
골격근량 Skeletal Muscle Mass (kg)	17.8
체지방률 Percent Body Fat (%)	31.4
세포외수분비 ECW Ratio	0.393

☑최근 □전체

인바디점수 InBody Score

71/100점

* 체성분 종합점수입니다. 근육이 매우 많은 경우 100점을 넘을 수 있습니다.

내장지방단면적 Visceral Fat Area

VFA(cm²) 67.9

체중조절 Weight Control

적정체중	51.5 kg
체중조절	+1.9 kg
지방조절	-3.7 kg
근육조절	+5.6 kg

신체균형평가 Body Balance Evaluation

상체좌우	☑균형	□약한불균형	□심한불균형
하체좌우	☑균형	□약한불균형	□심한불균형
상체하체	☑균형	□약한불균형	□심한불균형

부위별체지방분석 Segmental Fat Analysis

오른팔	(1.1kg)	125.3%
왼팔	(1.1kg)	124.9%
몸통	(7.0kg)	144.5%
오른다리	(2.8kg)	125.0%
왼다리	(2.8kg)	124.9%

연구항목 Research Parameters

세포내수분	15.2 L	(16.3~19.9)
세포외수분	9.8 L	(10.0~12.2)
기초대사량	1105 kcal	(1112~1277)
복부지방률	0.79	(0.75~0.85)
체세포량	21.8 kg	(23.3~28.5)
SMI	5.8 kg/m²	

위상각 Whole Body Phase Angle

φ(°) 50kHz 4.3°

임피던스 Impedance

Z(Ω)	RA	LA	TR	RL	LL
1kHz	447.6	436.4	32.3	250.7	263.4
5kHz	441.6	430.9	31.7	246.9	259.1
50kHz	404.6	398.4	28.7	230.4	241.3
250kHz	371.4	366.0	25.3	211.7	221.2
500kHz	359.4	354.1	23.6	207.6	216.2
1000kHz	350.0	344.5	20.9	207.6	214.5

[그림 1-5] 인바디 분석표

3. 인체의 계통과 기관

특정한 같은 기능의 세포들의 집단을 '조직(Tissue)', 조직이 두 개 이상 모여 있는 상태를 '기관(Organ)', 같은 목적을 위해 모인 기관들의 집합을 '계통(System)', 계통들이 모여 인체(body)를 이룬다.

1) 외피 계통

외부의 충격으로부터 몸을 보호하고, 발한이나 떨림으로 체온을 유지하며, 피부 혈관의 직경을 조절하는 역할을 한다.

2) 근육 계통

뼈대근, 심장근, 내장근으로 나뉘며, 인체의 움직임과 자세 유지를 담당한다.

3) 뼈대 계통

인체 지지, 장기 보호, 미네랄 저장(칼슘, 인 등), 근육과 함께 움직임을 돕고 혈구세포를 생산하고, 뼈(Bone), 관절(Joint), 인대(Ligament), 연골(cartilage)로 구성된다.

4) 내분비 계통

신경 계통과 함께 인체 기관 조절, 외부 환경에 몸을 적응시키며 내부 환경을 일정한 상태로 유지(항상성)하게 하는 기능을 담당한다.

5) 심혈관 계통(체순화)

물 · 산소 · 영양분 등 생명에 필요한 다양한 물질을 세포에 전달시키고, 세포가 걸러낸 노폐물을 밖으로 내보내는 역할을 한다.

6) 림프와 면역 계통

체액 균형과 감염에서 인체를 보호하는 역할을 한다, 림프 계통의 면역 기능은 림프구(Lymphocyte)라고 부르는 백혈구에 의해 일어나고, 면역 계통은 인체에 해로운 물질이 침입했는지 확인하기 위해 순찰하는 경비 역할을 한다.

7) 호흡기 계통

혈액에 산소를 공급하고 혈중 이산화탄소를 제거한다.

8) 소화기 계통

음식물을 잘게 부수고 인체에 필요한 물질은 흡수하여 세포로 이동, 노폐물은 밖으로 배출하는 역할을 한다.

9) 비뇨기 계통

혈액을 여과하여 소변을 생성하고 몸 밖으로 배설한다. 또한 적당한 체액 균형을 유지하여 혈압을 조절하는 역할도 한다.

10) 생식기 계통

성적인 성숙과 다음 세대에 전파할 특수한 세포의 생산을 담당하며 성호르몬을 만들어 낸다.

11) 신경 계통

신체 외부나 내부 자극에 의해 발생하는 정보를 전달하는 역할을 한다.

1-2 몸매분석표 작성

학습목표

1. 체형을 파악한 후 분석표를 작성할 수 있다
2. 몸매 부위별 사이즈를 재고 분석표에 작성할 수 있다.
3. 분석표 결과에 따른 평가와 체형별로 구분할 수 있다.
4. 몸매분석표 작성 후 관리프로그램을 계획할 수 있다.

1. 몸매분석표 작성

고객과의 상담을 통하여 몸매상태의 문제점을 파악하고 체형을 구별하여 몸매분석표를 작성하고 관리 프로그램 계획을 세우는 것을 말한다.

2. 체형의 분류

사람의 체형은 피하 지방 두께, 근육, 골격의 발달 정도에 따라 결정이 되며 크게 외배엽형, 중배엽형, 내배엽형으로 나뉜다.

1) 외배엽형(Ectomorph)

지방량이 적고 팔다리가 얇은 흔히, 마른 체형이다.

2) 중배엽형(Mesomorph)

지방량이 낮은 단단한 몸통, 큰 뼈대와 넓은 어깨를 가진 체형이다.

3) 내배엽형(Endomorph)

지방량이 많고 큰 골격과 넓은 허리를 가진 뚱뚱한 체형이다.

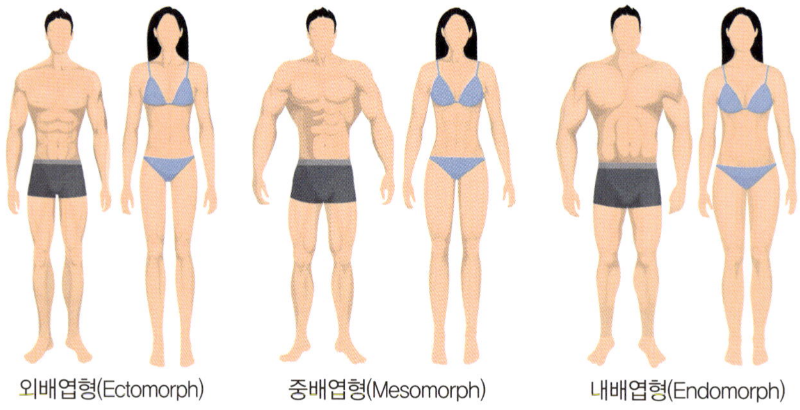

[그림 1-6] 체형의 특징

3. 인체의 골격

인체의 골격은 지지대 역할을 하는 골격계로부터 시작된다.

4. 척추의 변형에 의한 몸매 체형의 문제

척추의 변형은 골격, 신경 등 복합적으로 작용하여 대표적으로 척추 앞굽음증(Lordosis, 척추 전만증), 척추 옆굽음증(Scoliosis, 척추 측만증), 그리고 척추 뒤굽음증(KypHosis, 척추 후만증)으로 나뉜다. 보통 신체의 균형을 유지하기 위해 무게 중심선이 경추 전만(Cervical lordosis), 흉추 후만(Thoracic kypHosis), 그리고 요추 전만(Lumbar lordosis) 세 개의 곡선을 가로지르게 되고, 근육의 균형과 바른 자세는 인체가 제 기능을 원활히 하도록 하는 필수 조건이다.

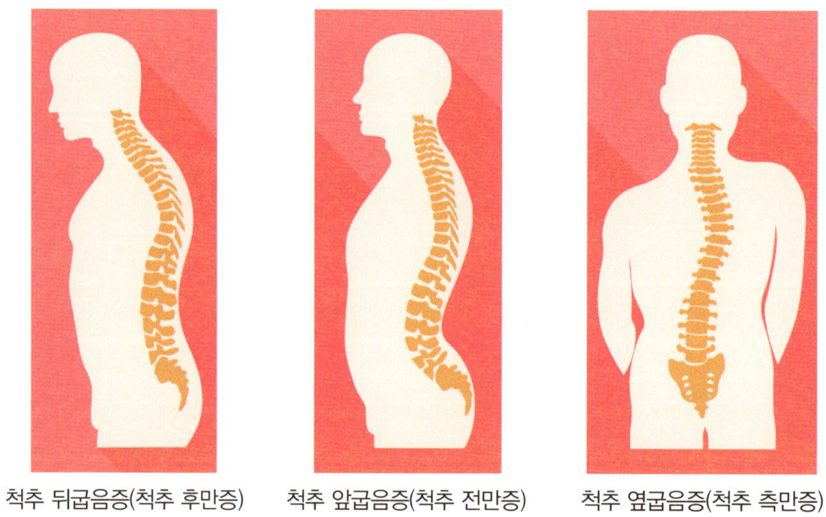

[그림 1-7] 척추의 변형 상태

5. 몸매 분석을 위한 수행순서

① 고객상담으로 라이프 스타일 등을 상세히 묻고 체크하여 고객관리카드를 작성한다.(상담 – 문진 – 견진 – 촉진으로 정보 도출)

② 상담이 끝난 후 고객 가운으로 갈아 입히고 몸매파악을 위해 편안한 자세로 세운다.(바른 자세 : 고개는 상방 15° 든 상태로, 가슴은 펴고 팔은 몸통 옆에 두 다리는 나란히 발은 30° 각도로 벌린다)

몸매고객관리카드

고객기본정보 상담일자 : / /

고객명	(남 / 여)		생년월일	(나이 : 세)	
연락처			E-mail		
직업		키	cm	체중	Kg
주소					

1) 라이프스타일

과거 관리 경험	□ 유 □ 무 □ 얼굴 □ 바디		
피부 성격	□ 예민 □ 보통 □ 매우 예민		
피부타입	□ 정상 □ 지성 □ 건성		
음주 습관	□ 유(회/주) □ 음주 거의 안함		
흡연 습관	□ 유(개피/일) □ 흡연하지않음 □ 가끔함		
다이어트 경험	□ 유 □ 무		
운동 습관	□ 유(회/주) 운동종류 : □ 무		
알러지 유무	□ 유 □ 무	기타	

2) 관리 방법

관리목적 및 기대효과	관리목적	
	기대효과	
클렌징	□ 오일 □ 크림 □ 밀크/로숀 □ 젤	
딥클렌징	□ 스크럽 □ 아하 □ 고마쥐 □ 효소	
메뉴얼테크닉 제품선택	□ 오일 □ 크림	
손을 이용한 관리형태	□ 메뉴얼테크닉	
팩	□ 건성타입 팩 □ 정상타입 팩 □ 지성타입 팩	
자기 관리 조언 (홈케어)	제품을 사용한 관리	
	기타 :	

〈계속〉

몸매고객관리카드

3) 바디 분석표 (Body Consultation Sheet)

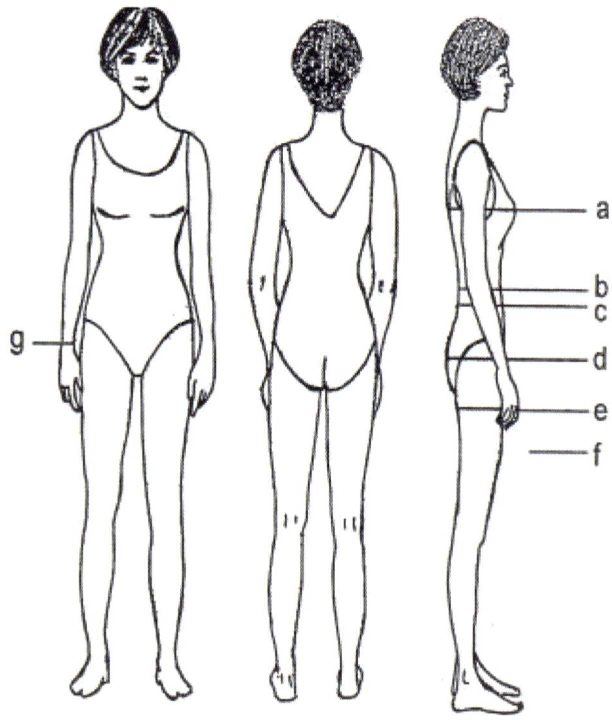

Indicate on diagram the measurements of (측량값 표시)

a	bust(가슴둘레)	cm
b	waist(허리둘레)	cm
c	hips(배둘레)	cm
d	buttock(엉덩이둘레)	cm
e	thigh(right)(대퇴/오른쪽)	cm
f	thigh(left)(대퇴/왼쪽)	cm
g	wrist(손목)	cm

Using the following key, indicate (좌측표에 아래그림 표시)

Fat(지방) XXXXX
Cellulite(셀룰라이트) /////
Poor muscle (빈약한 근육) #####
Strech marks(튼살) SSSSS

Posture falts(자세의 결점) :

4) 요구 범위 확인

관리 목적	관리 회차	관리 간격

5) 관리 프로그램

		관리 시 금기사항
사용할 테크닉 (Techniques used)		
선택한 이유 (Reason for choice)		
관리 부위 (Treatment area)		

고객동의서	본인은 관리사가 설명해주고 시행하려는 관리내용에 대해 모두 동의하고 관리 받는다. 또한 좀 더 효율적이고 알맞은 관리를 위하여 고객의 정보를 수집하는데 동의한다. 고객 성명 (서명)
관리사 서명	상담을 통해 수집한 고객의 정보는 보호하고 안전을 유지하여 고객의 기밀을 유지하도록 한다. 관리사 성명 (서명)

[그림 1-8] 몸매고객관리카드

6. 손을 이용한 관리형태

1) 매뉴얼 테크닉 다섯가지 기본동작

(1) 쓸어서 펴바르기(effleurage)

손바닥과 손가락 전체를 사용하여 근육을 진정, 이완시키고 혈액 순환을 개선하기 위한 것으로 마사지의 시작과 끝에 그리고 테크닉의 중간 중간을 이어주는 역할을 한다.

(2) 어루만져 펴바르기(petrissage)

손이나 손가락, 전체 손의 압력을 사용하여 반죽하고 동일한 속도와 리듬을 사용하여 체중과 몸의 움직임을 사용하는 것이 중요하며 뼈가 있거나 섬세한 부위에는 하지 않는다. 경직된 근육 완화와 독소 배출에 도움이 된다.

(3) 밀착하여 펴바르기(friction)

체중을 실어 엄지손가락 바로 아래에 있는 조직을 천천히 깊이 둥글게 돌린다. 엄지손가락은 위아래로 문지르거나 고정된 위치에 유지할 수 있다. 근육의 긴장을 풀고 관절 주변의 긴장을 풀어주는 데 유용하다. 뭉친 근육에서는 매우 고통스러울 수 있으므로 고객을 살피는 데 주의가 필요하다. 국소적인 뭉침을 없애는 데 도움이 된다

(4) 토닥토닥 펴바르기(tapotement)

얼굴과 같이 섬세하게 수행되는, 손가락 끝을 사용하여 매우 부드러운 형태의 부드럽고 반복적인 리듬으로 활력을 불어 넣고 깨어나게 하는 동작으로 뼈가 있는 부위엔 사용하지 않는다.

(5) 떨며 펴바르기(vibration)

근육의 통증과 긴장을 풀어 줄 때에, 페트리사지나 프릭션이 반응하지 않을 때 진정 시키거나 자극적인 기술이 될 수도 있다.

예 해킹 – 손바닥 마주보고 새끼손가락 가장자리 사용, 비팅 – 새끼손가락이 마주 보도록 주먹을 만들고 번갈아 가며 가볍고 빠른 리듬으로 시행. 파운딩 – 비팅과 같은 모양으로 손가락 부분을 이용한 방법. 컵핑 – 손을 위로 했을 때 컵과 같은 모양을 만들어서 뒤집어 가볍게 번갈아 가며 내린다.(목욕탕 관리 소리가 나면 안된다.)

1-3 학습 평가 방법

분류번호 : 1201010215_20v6
능력단위 명칭 : 피부미용 몸매분석

1. 학습 방법 및 평가 방법

① 고객의 선천적 몸매와 후천적 생활 습관에 의해 잘못된 몸매를 인터뷰나 라이프 스타일을 통해 구분할 수 있도록 학습시키고 평가한다.

② 작성된 몸매분석표를 바탕으로 부위별 체형에 따른 문제점 파악과 그에 따른 분석을 명확히 할 수 있도록 학습시키고 평가한다.

③ 몸매분석표 결과에 따라 몸매관리 계획표를 수립해야 한다는 것을 이해하고 몸매관리 계획표를 작성할 수 있도록 학습시키고 평가한다.

2. 평가 준거

평가자 평가 사항

학습내용	학습목표	성취수준		
		상	중	하
몸매분석	- 고객의 현재 몸매상태를 육안으로 파악할 수 있다.			
	- 문진, 견진, 촉진을 통해 선천적 몸매와 잘못된 습관에 의해 만들어진 몸매를 구분할 수 있다.			
	- 몸매 문제점을 파악하고 체험의 특징을 분류할 수 있다.			
	- 몸매관리 목적에 맞는 피부미용기기와 기구 및 제품을 선택할 수 있다.			
몸매분석표 작성	- 문제된 체형을 파악한 후 분석표를 작성할 수 있다.			
	- 몸매 부위의 사이즈를 잰 후 분석표를 작성할 수 있다.			
	- 분석표 결과에 따라 평가하고 체형별로 구분할 수 있다.			
	- 몸매분석표 작성 후 관리프로그램을 계획할 수 있다.			

평가자 평가리스트

학습내용	평가항목	성취수준		
		상	중	하
몸매분석	- 고객의 현재 몸매 파악 능력			
	- 문진, 견진, 촉진을 통해 현재 몸매와 잘못된 습관에 의해 만들어진 몸매 구분 능력			
	- 부위별 체형 분류 능력			
몸매분석표 작성	- 파악한 몸매형태 측정 능력			
	- 부위별 알맞은 체형 분류 능력			
	- 분석 결과에 맞는 몸매관리 프로그램 계획 수립			

작업장 평가

학습내용	평가항목	성취수준		
		상	중	하
몸매분석	- 몸매 분석을 위한 환경 조성 능력			
	- 몸매 문제점 파악 및 체형 분류 능력			
	- 몸매관리 시 피부미용 기기 및 기구 선택 능력			
	- 문진, 견진, 촉진을 통한 피부 관찰 능력			
몸매분석표 작성	- 몸매분석표 작성을 위한 환경 조성 능력			
	- 문제점 파악 및 체형 분류 능력			
	- 몸매분석표 작성 능력			
	- 몸매관리 프로그램 계획 수립 능력			

분류번호 : 1201010215_20v6

능력단위명칭 : 피부미용 몸매분석

능력단위요소 : 1201010215_20v6.1 몸매파악하기

영역	평가내용	평가				
		5	4	3	2	1
수행준거1.1	고객의 현재 몸매상태를 육안으로 파악할 수 있다.					
수행준거1.2	문진, 견진, 촉진을 통해 선천적 몸매와 잘못된 습관에 의해 만들어진 몸매를 구분할 수 있다.					
수행준거1.3	몸매 문제점을 파악하고 몸매의 특징을 분류할 수 있다.					
수행준거1.4	몸매관리 목적에 맞는 피부미용기기와 기구 및 제품을 선택할 수 있다.					
실습자 (고려사항)	1. 고객이 심리적으로 불편하지 않도록 하였는가?					
	2. 과도한 노출이 되지 않도록 주의 하였는가?					
	3. 주위환경(온도) 등으로 불편하지 않도록 하였는가?					

평가일		평가자	
실습자명		고객명	

NCS기반 몸매균형관리학

2

PART

피부미용 몸매 각질관리하기

2-1 몸매클렌징

2-2 몸매딥클렌징

2-3 학습평가 방법

2-1 몸매클렌징

학습목표

1. 몸매 부위의 피부유형에 따라 제품을 선택 하고 클렌징할 수 있다.
2. 몸매피부유형에 맞는 제품과 테크닉을 이용해 클렌징할 수 있다.
3. 온습포(냉습포)로 닦아 내고 토너로 마무리 할 수 있다.

1. 몸매클렌징의 이해

몸체의 분비물을 제거하는 가장 기본 기초 작업이다. 피부유형에 맞는 제품을 선택하여 닦아내는 시작단계의 작업이다. 제품을 선택하여 쓸어서 펴바르기, 밀착하여 펴바르기 테크닉을 활용하여서 닦아 내는 작업이다.

2. 몸매클렌징 테크닉

클렌징 테크닉과 매뉴얼 테크닉 동작과는 구별되어야 하며 손바닥 전체를 사용하여 신속하고 가볍게 테크닉을 구사한다.

3. 몸매 피부유형

1) 중성(정상)피부(nomal skin)

가장 이상적인 피부유형으로 유・수분의 밸런스와 기능이 정상적으로 유지되는 피부로 피부표면과 피부결이 매끄럽고 촉촉하다.

2) 지성 피부(oily skin)

모공이 정상 피부보다 넓어 피지분비가 과다하게 분비되는 피부유형으로 스트레스로 인한 환경적인 요인과 유전적인 원인으로 크게 작용한다. 피부표면에 때가 끼기 쉽고 번들거리고 냄새가 나기도 한다.

3) 건성 피부(dry skin)

유분과 수분이 모두 부족한 피부(피부결이 가는)로 피지분비가 부족하여 수분을 보유하기가 어려워 피부 표면에 잔주름이 생기기 쉽고 모공이 작아 매끄러우나 탄력과 윤기가 없다.

4) 민감성 피부(senstive skin)

피부가 쉽게 건조되고 피부결이 가늘며 피부조직이 얇아 잦은 붉음증, 소양증으로 이어지고 화장품 성분에 민감하다.

5) 복합성 피부(combination skin)

피지분비량이 일정하지 않은 피부로 두 가지 이상의 피부유형을 뜻한다. 몸매 피부상태가 부위별로 다르게 나타나기도 한다.

4. 습포 사용 방법

① 몸매 부위를 클렌징 후 피부유형과 상태에 따라 온(냉)습포를 사용한다.
② 심하게 예민한 부위나 감작성 피부, 피부트러블이 남은 경우는 냉습포를 사용한다.
③ 정상적인 피부부위에는 온습포를 사용한다.

5. 몸매(body)클렌징 종류에 따른 적합한 피부유형

1) 크림 타입

친유성 타입으로 건성, 정상 피부에 적합하다.

2) 로션 타입

친수성의 타입으로 세정력은 조금 떨어지고 자극이 적어 모든 피부에 적합하다.

3) 젤 타입

자극이 적고 세정력이 우수하여 지성, 여드름 피부에 적합하다.

4) 파우더 타입

단백질, 지방을 분해하는 타입의 효소로 모든 피부에 적합하다.

5) 오일 타입

수분이 부족한 건성, 예민 피부에 적합하다.

6) 워터 타입

끈적임이 적고, 세정력이 낮아 건조 피부에 적합하다.

7) 티슈 타입

여행 시 휴대용으로 좋으며 물티슈(클렌징 성분) 형태로 간편하다.

TIP 몸매관리에서의 클렌징은 다양한 유형의 제품이 있으나 편리성, 용이성으로 젤 타입의 클렌징 제품이 보편화 됨.
(단, 부위에 따른 피부유형에 따라 제품을 선택하여 사용가능)

6. 몸매클렌징(등관리)

1) 등관리(예시)

① 클렌징 제품을 등에 도포하여 피부 표면에 묻은 먼지나 피지, 각질 등을 가볍고 신속하게 닦아 낸다.
(매뉴얼테크닉과 구별된다)

② 위생상 일회용 해면으로 닦아낸다(권장사항).

③ 온습포로 남은 잔여물을 닦아 낸다(민감한 피부는 냉습포 사용).

④ 습포 후 토너로 정돈한다.

⑤ 가볍게 핸드드라이로 마무리 한다.

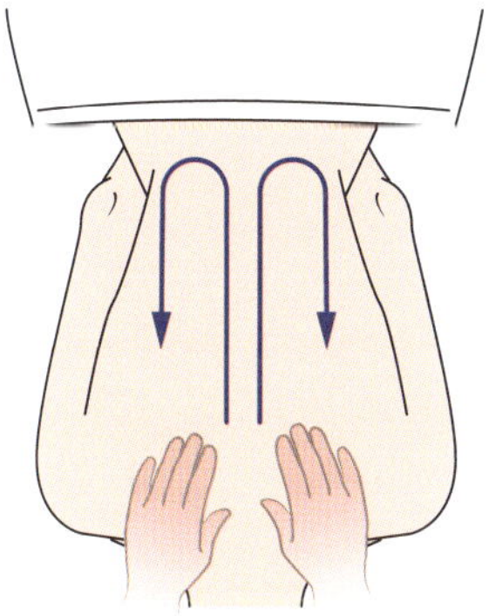

(1) 피부 유형에 맞는 클렌저를 등에 도포한다.

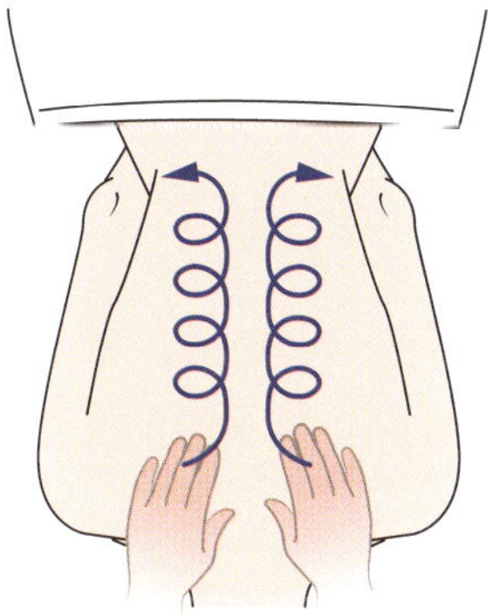

(2) 등 전체를 가볍게 문지르기 한다.

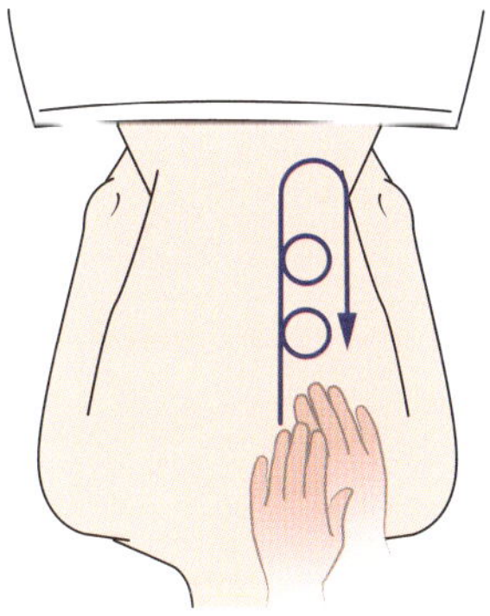

(3) 등 중앙에서 바깥쪽(좌)으로 큰 원을 그리듯 문지르기한다.

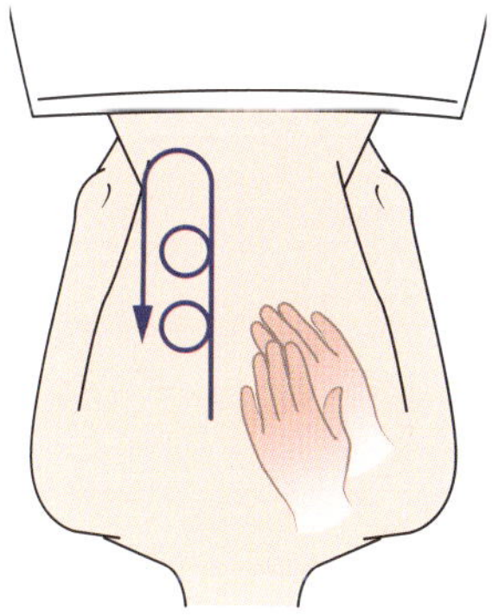

(4) 등 중앙에서 바깥쪽(우)으로 큰 원을 듯 문지르기 한다.

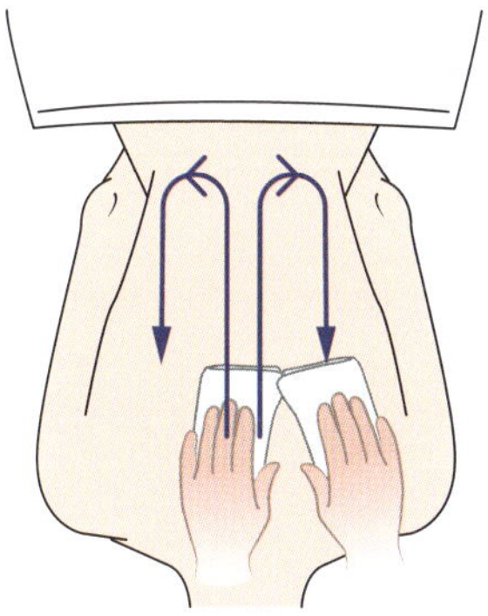

(5) 1회용 해면(해면)을 사용하여 잔여물을 닦아낸다.

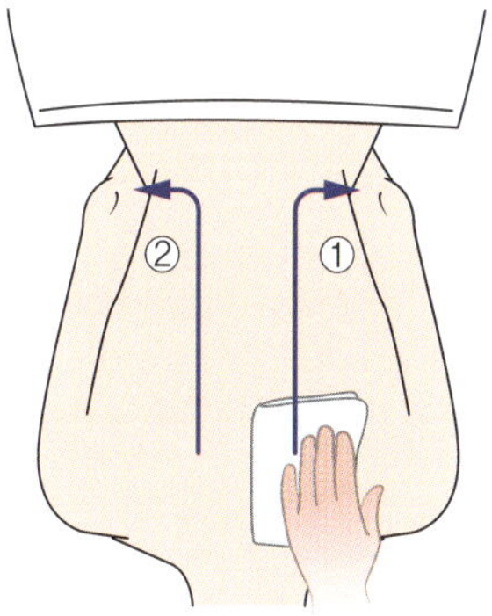

(6) 온습포로 깨끗하게 닦아 낸다.

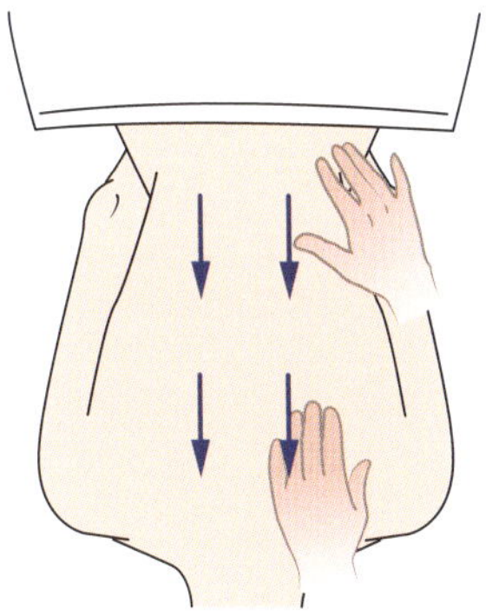

(7) 핸드드라이로 피부를 정돈하고 마무리한다.

2-2 몸매딥클렌징

학습목표

1. 몸매피부유형에 따른 딥클렌징을 선택할 수 있다.
2. 딥클렌징 제품의 특성에 따라 몸매피부유형에 맞게 적용하여 사용할 수 있다.
3. 몸매딥클렌징에 적합한 피부미용기기를 활용할 수 있다.

1. 몸매딥클렌징의 이해

몸매딥클렌징은 몸에 1차 클렌징에서 남아있는 땀이나 먼지와 묵은 각질과 모공 속에 남아있는 노폐물을 제품 또는 기기를 활용하여 다음 단계의 작업물질 흡수(유효성분)를 높여 주어 건강한 피부를 유지할 수 있도록 돕는다.

2. 몸매딥클렌징의 방법 및 작용

1) 화학적 방법

(1) 효소(Enzyme)

효소가 주성분인 파우더 타입과 크림 타입으로 적절한 시간, 온도, 습도가 발효를 도와 각질을 제거하는 일반적인 사용방법이다(피부유형에 따라 시간 조절).

(2) AHA(Alpha Hydroxy Acid)

글릭콜릭산은 가장 많이 이용되는 복합과일산으로 과도한 죽은 각질 세포를 녹여 감소시킨다(주로 얼굴 관리에 사용).

(3) 전기 세정

직류를 이용해 음극에서 딥클렌징 앰플을 사용, 세정 작용을 한다.

2) 물리적 방법

(1) 고마쥐(Gommage)

각질 분해(동 · 식물성) 요소 함유, 예민 부위도 사용 가능(단, 자극 없게 닦아 낸다). 근육의 결 방향으로 손가락끝 부분을 이용해 밀어내듯 리드미컬하게 문질러 제거한다.

(2) 스크럽(Scrub)

알갱이가 있는 제형으로 피부에 도포 후 스팀이나 물을 이용해 가볍게 문질러 제거하며 예민한 피부는 피하는 것이 좋다.

(3) 스티머(Steamer)

수증기(초미립자)가 분무되어 모공을 열어 주고 혈액 순환과 수분 공급, 신진 대사를 촉진하여 테크닉이나 브러싱을 하는 동안 각질이 제거되도록 돕는다.

(4) 후리마돌(Frimator)

피부에 자극이 없는 브러시(천연 털)를 선택하여 몸매 부위에 따라 다른 크기의 회전 브러싱은 피부에 붙어 있는 먼지와 노폐물 및 각질 제거, 테크닉에 효과적이다.

3. 몸매딥클렌징 시 주의사항

(1) 효소 : 뜨겁지 않은 스팀을 약 30Cm 정도 거리를 두고 분사시킨다(온도, 습도, 시간을 맞춰야 한다).

(2) 스크럽 : 강한 자극으로 문지르지 않는다(예민부위 주의).

(3) 후리마돌 : 피부에 자극이 없는 부드러운 브러시(천연 털)를 선택하고, 손등에 먼저 회전 속도를 체크해 본다.

4. 수행 순서

1) 효소(Enzyme)

① 고객을 가운으로 갈아입히고 베드 위에 눕힌다.
② 고객의 머리를 터번으로 정리한다.
③ 1차 클렌징 후 피부상태를 분석한다.
④ 분석표를 작성한다.
⑤ 손소독 후 효소 파우더와 물을 유리볼에 적당량 잘 섞어 거품을 낸다.
⑥ 붓을 이용해 일정한 두께로 몸매 부위에 펴 바른다.
⑦ 거리조절(30cm)을 잘하여 약 5~10분 정도 스팀을 분사한다.
⑧ 일회용 해면(해면)을 이용하여 닦아 낸다.
⑨ 온습포 (냉습포)로 닦아 낸다.
⑩ 토너로 부위를 정돈한다.
⑪ 핸드드라이로 피부를 정돈하고 마무리 한다.

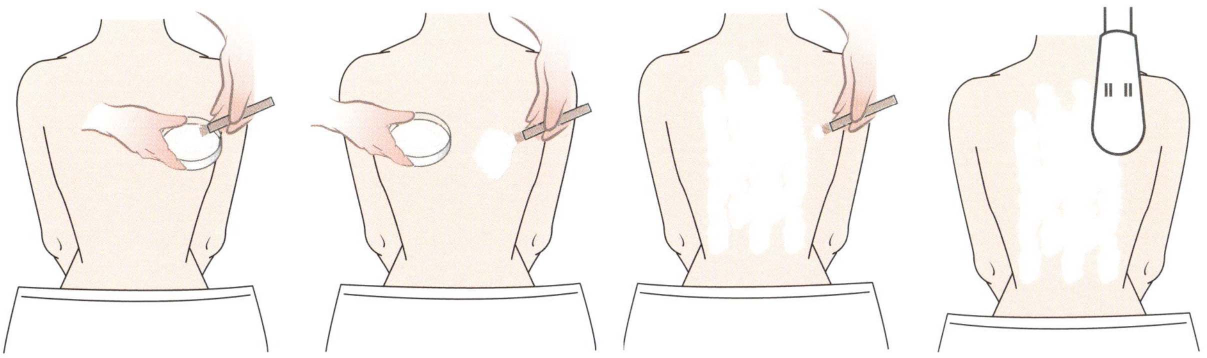

(1) 효소 파우더가 균일한 거품이 생기게 잘 섞어 준다.

(2) 붓을 사용해 피부에 효소 파우더를 올려 놓는다.

(3) 붓을 사용해 피부에 효소 파우더를 균일하게 도포한다.

(4) 거리(30cm)를 두어 스팀을 분사한다(온도, 습도, 시간 조절).

2) 스크럽(Scrub)

① 고객을 가운으로 갈아입히고 베드 위에 눕힌다.

② 고객의 머리를 터번으로 정리한다.

③ 1차 클렌징 후 피부상태를 분석한다.

④ 분석표를 작성한다.

⑤ 손소독 후 알갱이가 들어 있는 스크럽 제품을 피부에 고르게 바른다.

⑥ 손에 물을 적시면서 쓸어서 펴바르기, 밀착하여 펴바르기 등을 활용해 2~3분간 테크닉해준다.

⑦ 일회용 해면(해면)을 이용하여 닦아 낸다.

⑧ 온습포 (냉습포)로 닦아 낸다.

⑨ 토너로 부위를 정돈한다.

⑩ 핸드드라이로 피부를 정돈하고 마무리 한다.

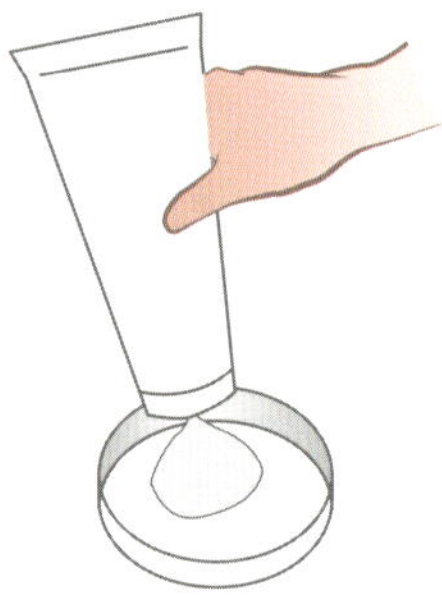

(1) 알갱이가 있는 스크럽 제품을 선택한다.

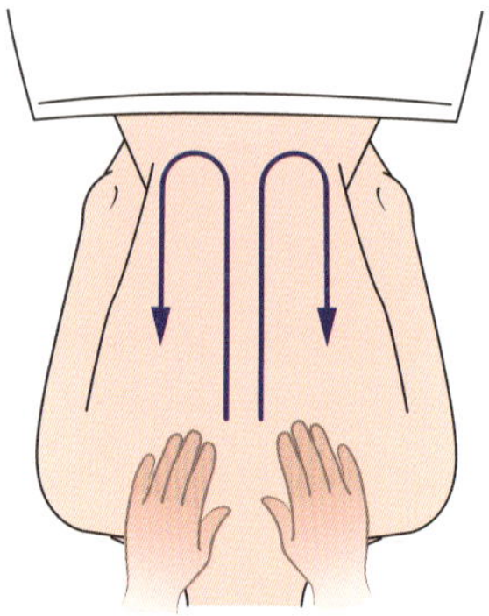

(2) 손바닥에 제품을 덜어 피부에 골고루 문지르기한다.

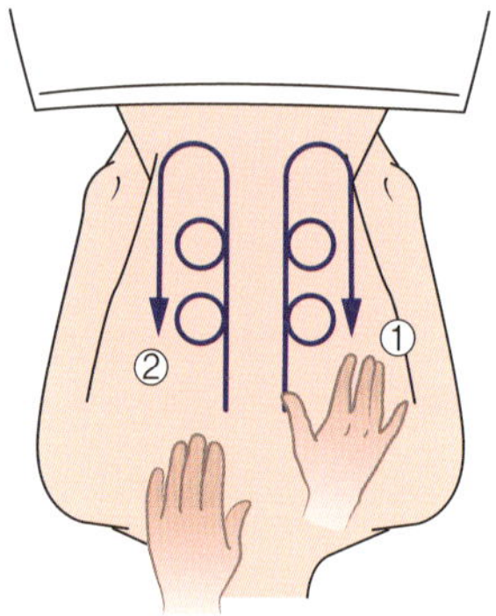

(3) 좌측 우측 교대로 작은 원을 그리면서 문지르기한다.

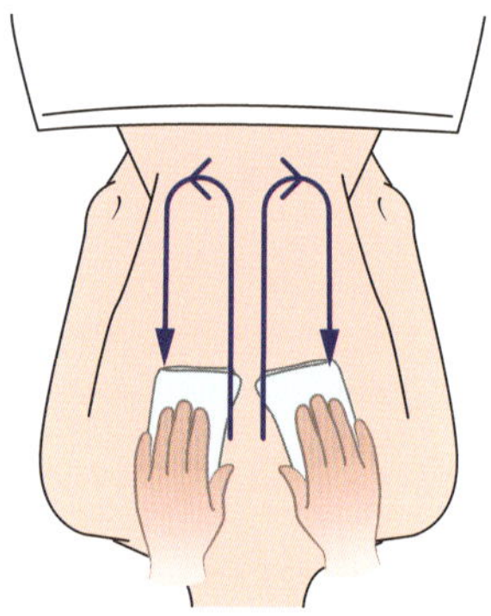

(4) 일회용 해면(해면)을 사용하여 잔여물을 닦아낸다.

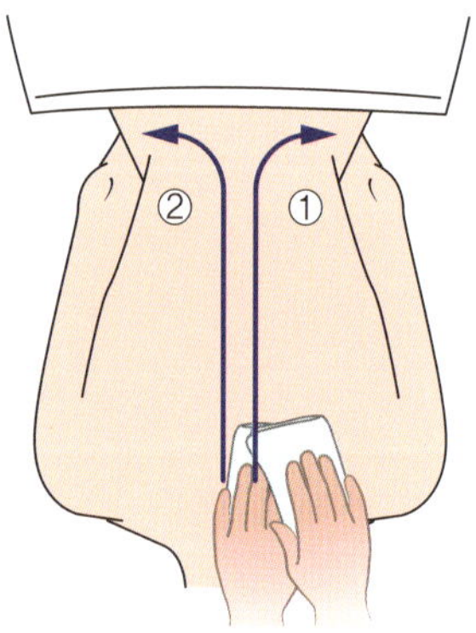

(5) 온습포(냉습포)로 좌측과 우측을 닦는다.

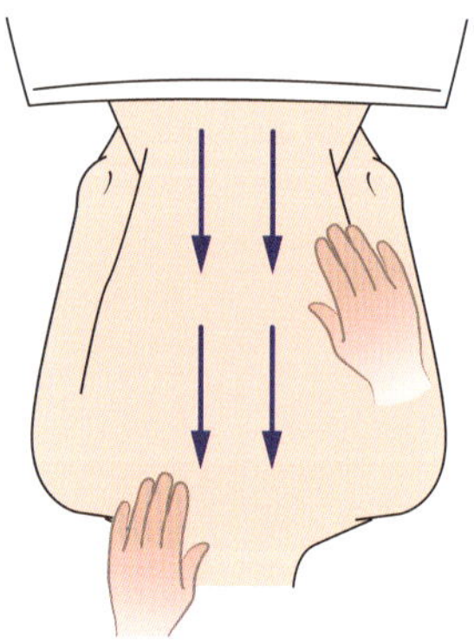

(6) 핸드드라이하여 피부를 정돈한다.

3) 후리마돌(전동 브러시, Frimator)

① 고객을 가운으로 갈아입히고 베드 위에 눕힌다.
② 고객의 머리를 터번으로 정리한다.
③ 1차 클렌징 후 피부상태 분석 후 분석표를 작성한다.
④ 손소독 후 후리마돌 기기 및 도구(솔, 화장품(클렌징 로션), 붓, 유리 볼) 등을 준비하고 딥클렌징 로션을 부위에 고루 펴 바른다.
⑤ 사용할 브러시(크기)를 선택 후 손등에 회전속도를 테스트 해 본다.
⑥ 근육의 방향을 따라서 브러시를 회전한다(피부상태에 따라 시간은 조절하며, 보통 3~5분이 적당).
⑦ 온습포(냉습포)로 닦아 낸다.
⑧ 토너로 정돈한다.
⑨ 핸드드라이(타월드라이)로 피부를 정돈하고 마무리 한다.

2-3 학습 평가 방법

분류번호 : 1201010216 19v5
능력단위 명칭 : 피부미용 몸매각질관리

1. 학습 방법 및 평가 방법

① 몸매피부의 유형을 파악하여 클렌징을 할 수 있도록 학습시키고 평가한다.
② 몸매클렌징 동작은 매뉴얼테크닉 동작과 다르다는 것을 알고 할 수 있도록 학습시키고 평가한다.
③ 몸매딥클렌징제의 종류인 효소, AHA, 고마쥐, 스크럽 등의 특성에 대해 이해하고, 각각의 관리 방법을 숙지하여 할 수 있도록 학습시키고 평가한다.
④ 몸매딥클렌징 관리 시 피부미용기기 및 기구를 할 수 있도록 학습시키고 평가한다.
⑤ 토너로 정리하고 핸드드라이로 마무리 할 수 있도록 학습하고 평가한다.

2. 평가 준거

평가자 평가 사항

학습내용	학습목표	성취수준		
		상	중	하
몸매클렌징	- 몸매 부위별 피부유형에 따라 클렌징 방법과 제품을 선택할 수 있다.			
	- 몸매피부유형에 맞는 제품과 테크닉으로 클렌징할 수 있다.			
	- 온습포 또는 경우에 따라 냉습포로 닦아 내고 토닉으로 정리할 수 있다.			
몸매딥클렌징	- 몸매피부유형별 딥클렌징 제품을 선택할 수 있다.			
	- 딥클렌징 제품의 특성에 따라 몸매피부유형에 맞게 적용하여 사용할 수 있다.			
	- 몸매딥클렌징에 적정한 피부미용기기를 활용할 수 있다.			

평가자 평가리스트

학습내용	평가항목	성취수준		
		상	중	하
몸매클렌징	- 위생 상태			
	- 피부 유형에 맞는 화장품 선택 능력			
	- 클렌징 방법과 테크닉 능력			
	- 온습포 사용 여부			
	- 토너 사용 여부			
	- 고객 배려 능력			
몸매딥클렌징	- 위생적인 딥클렌징 수행			
	- 피부 유형에 알맞은 딥클렌징 방법 적용			
	- 딥클렌징 방법과 테크닉 능력			
	- 딥클렌징에 적정한 피부이용기기 사용 능력			
	- 토너 사용 여부			
	- 습포 사용 여부			

작업장 평가

학습내용	평가항목	성취수준		
		상	중	하
몸매클렌징	- 피부 유형에 맞는 클렌징 제품 선택 능력			
	- 고객 배려 능력			
	- 몸매클렌징 수행 정도			
	- 위생 상태			
몸매딥클렌징	- 딥클렌징 전 과정 수행 정도			
	- 위생적 수행 여부			
	- 습포 사용 능력			

분류번호 : 1201010216_19v5

능력단위명칭 : 피부미용 몸매각질관리

능력단위요소 : 1201010216_19v5.1 몸매 클렌징하기

영역	평가내용	평가				
		5	4	3	2	1
수행준거1.1	몸매부위별 피부유형에 따라 클렌징 방법과 제품을 선택할 수 있다.					
수행준거1.2	몸매피부유형에 맞는 제품과 테크닉으로 클렌징 할 수 있다.					
수행준거1.3	온습포 또는 경우에 따라 냉습포로 닦아내고 토너로 정리할 수 있다.					
실습자 (고려사항)	1. 고객이 편리하고 안정될 수 있는 분위기 조성 능력이 있는가?					
	2. 각 제품의 주요 성분과 관리 목적 파악 능력이 있는가?					
	3. 모든 과정을 철저하게 위생적으로 시행했는지 파악 능력이 있는가?					
	4. 딥 클렌징의 파악 능력이 있는가?					

평가일		평가자	
실습자명		고객명	

분류번호 : 1201010216_19v5

능력단위명칭 : 피부미용 몸매각질관리

능력단위요소 : 1201010216_19v5.2 몸매 딥 클렌징하기

영역	평가내용	평가				
		5	4	3	2	1
수행준거2.1	몸매 피부 유형별 딥 클렌징 제품을 선택 할 수 있다					
수행준거2.2	딥 클렌징 제품의 특성에 따라 몸매 피부 유형에 맞게 적용하여 사용 할 수 있다.					
수행준거2.3	몸매 딥 클렌징에 적절한 피부미용기기 · 기구를 활용 할 수 있다.					
실습자 (고려사항)	1. 고객이 편리하고 안정될 수 있는 분위기 조성 능력이 있는가?					
	2. 각 제품의 주요 성분과 관리 목적 파악 능력이 있는가?					
	3. 모든 과정을 철저하게 위생적으로 시행했는지 파악 능력이 있는가?					
	4. 딥 클렌징의 파악 능력이 있는가?					

평가일		평가자	
실습자명		고객명	

PART 3

NCS기반 몸매균형관리학

신체피부미용 전면관리하기

3-1 복부관리

학습목표

1. 고객 복부 상태에 문제시 되는 금기 사항을 파악할 수 있다.
2. 복부피부유형에 적합한 제품을 선택할 수 있다.
3. 복부매뉴얼테크닉을 사전에 복부 상태를 파악하여 목적에 맞게 할 수 있다.
4. 복부매뉴얼테크닉을 시간, 속도, 리듬, 밀착, 세기를 고려하여 할 수 있다.

1. 복부관리의 이해

복부 피부상태를 문진, 견진, 촉진을 통해 파악하고 피부유형별 제품 선택으로 유 · 수분의 밸런스와 피부미용기기 활용 및 다섯 가지 테크닉 동작으로 긴장감의 회복과 탄력이 증진된다.

2. 복부관리의 목적 및 중요성

여성들의 경우 산후에 처진 피부, 튼 살 등을 매뉴얼테크닉, 그리고 화장품이나 미용기기를 활용하여 건강한 피부로 만족도를 높일 수 있다.
또한 복부의 장기를 따뜻하게 관리하여 편안한 상태로 유지시킬 수 있는 관리이다.
복부는 모든 장기를 둘러싸고 있는 신체 부위 중 하나이다. 특히 이 장기를 둘러싸고 있는 피부는 장기들을 보호하기 위하여 내장 지방과 체지방이 만들어지기 쉬운 곳이다. 여성들에게는 호르몬 불균형으로 복부 비만의 원인이기도 하며 신체의 몸매를 밉게 만든다. 또한 산후에 오는 건조함과 튼살을 완화시키는 데도 큰 도움이 된다. 화장품이나 피부미용기기를 활용하여 건강하고 촉촉하게 복부 피부를 만들어 주는 관리가 필요하다.

3. 복부관리 수행 순서

① 고객을 베드 위에 눕히고, 머리를 터번으로 정리한다.
② 1차 클렌징을 수행 한 후 피부상태를 분석한다.
③ 분석표를 작성한다.
④ 2차 클렌징
⑤ 복부 매뉴얼테크닉(금기사항 체크, 액세서리 체크, 불편사항 등)
- 테크닉(다섯 가지 동작) 시 도구나 기기 사용 가능
⑥ 온습포(냉습포)로 닦아 낸다.
⑦ 토너로 피부를 정돈한다.
⑧ 핸드드라이로 피부를 정돈하고 마무리 한다.

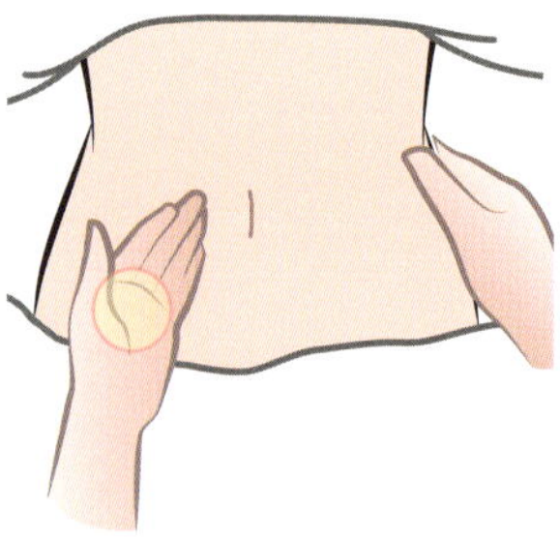

(1) 오일(크림)을 복부에 가볍게 도포

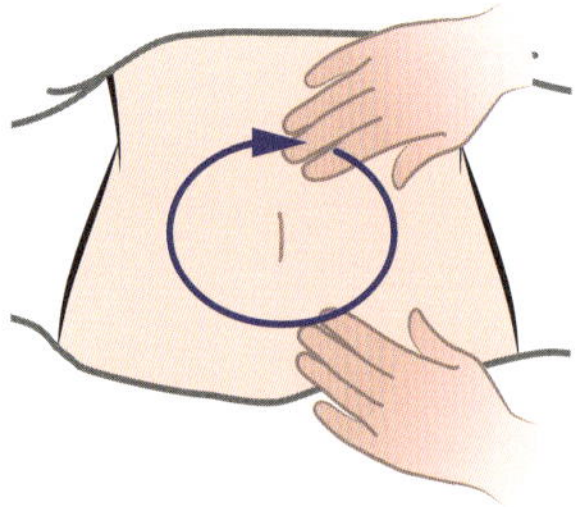

(2) 양 손바닥을 이용하여 시계 방향으로 전체적으로 쓸어서 펴바르기(쓰다듬기)

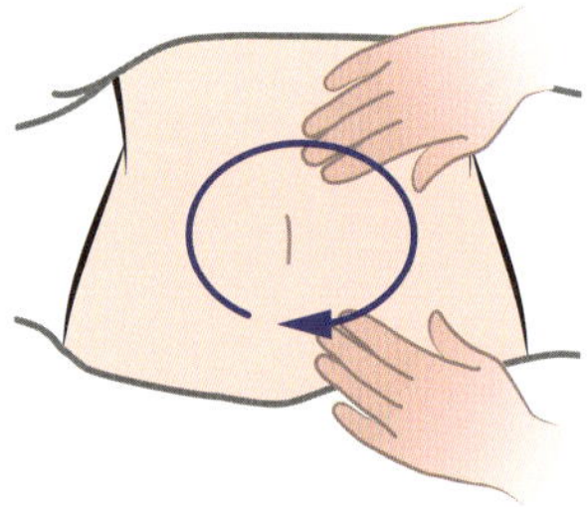

(3) 양 손을 이용하여 시계 방향으로 전체적으로 쓸어서 펴바르기(쓰다듬기)

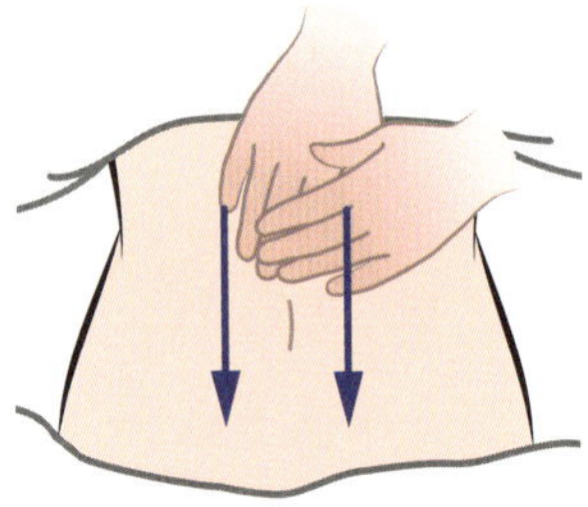

(4) 복부 중앙 위에서 아래로 손바닥을 밀착하여 펴바르기(문지르기)

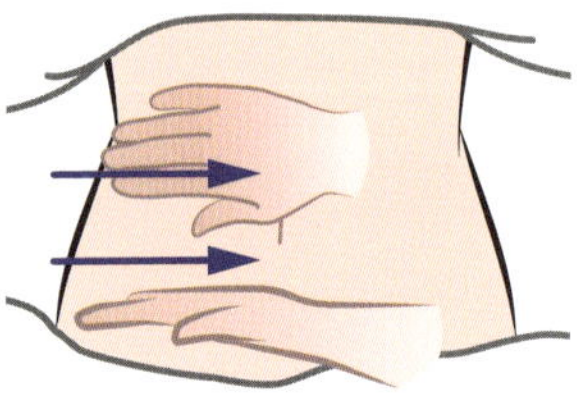

(5) 양손을 엇갈리며 바깥쪽 허리에서 안쪽 배꼽 부분으로 쓸어서 펴바르기(쓰다듬기)

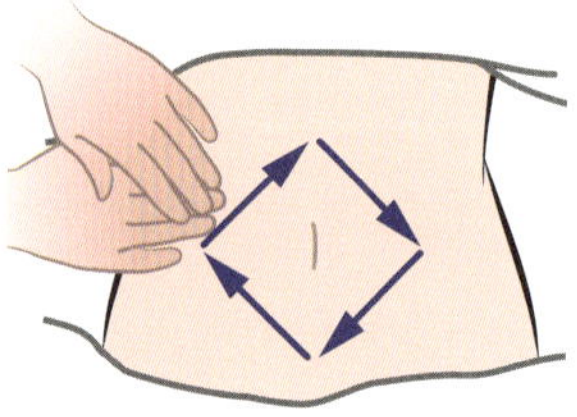

(6) 복부 중앙에서부터 손가락을 이용해 다이아몬드 모양으로 밀착하여 펴바르기(문지르기)

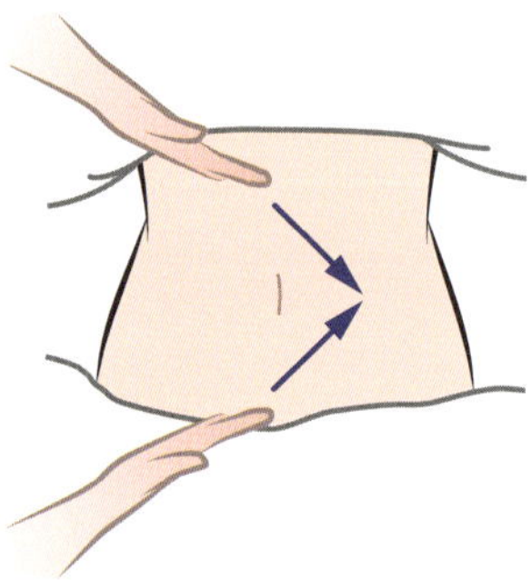

(7) 양손을 복부 중앙과 단전에 놓고 바깥쪽 허리 부분으로 밀착하여 펴바르기(문지르기)

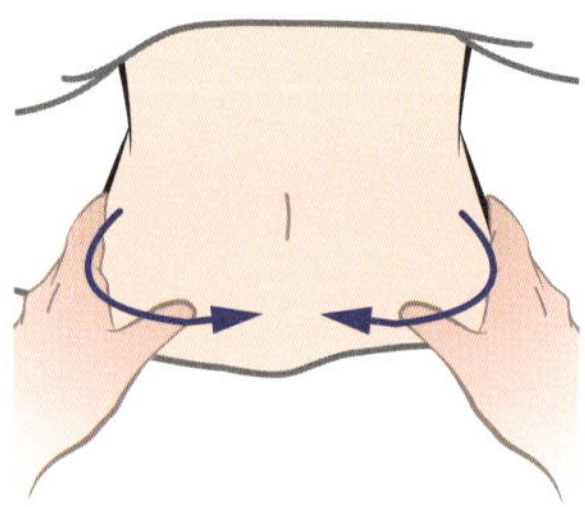

(8) 허리 뒤쪽에서 안쪽으로 밀착하여 펴바르기(문지르기)

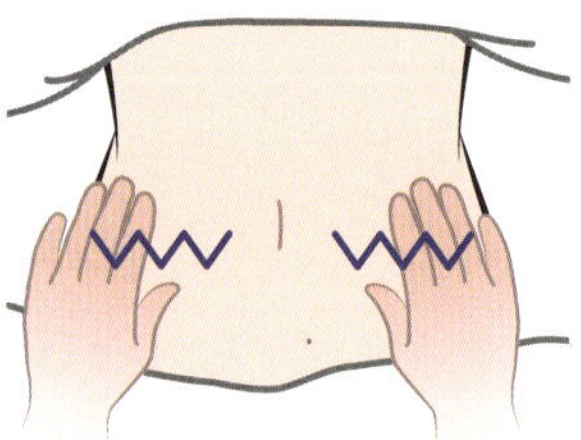

(9) 바깥쪽 허리 부분에서 배꼽쪽으로 떨며 펴바르기(흔들어주기)

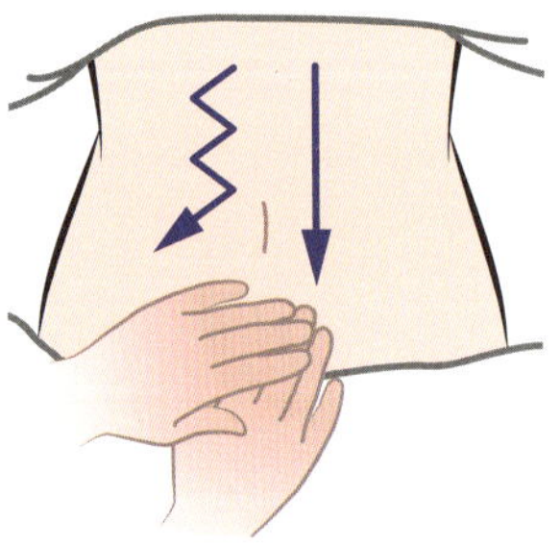

(10) 복부 중앙 위에서 아래 방향으로 떨며 펴바르기(흔들어주기)

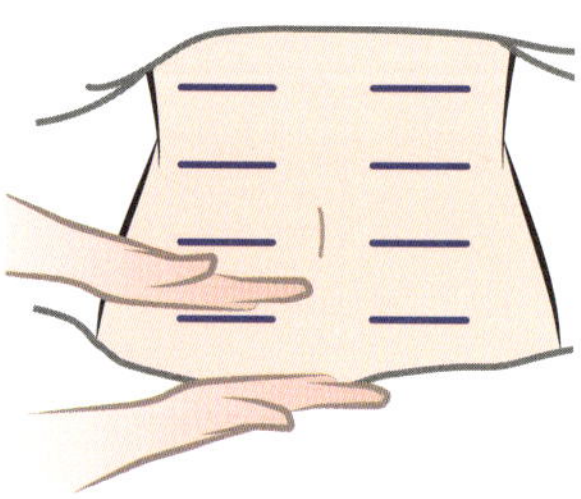

(11) 손가락 옆으로 가볍게 토닥토닥 펴바르기(두드리기)

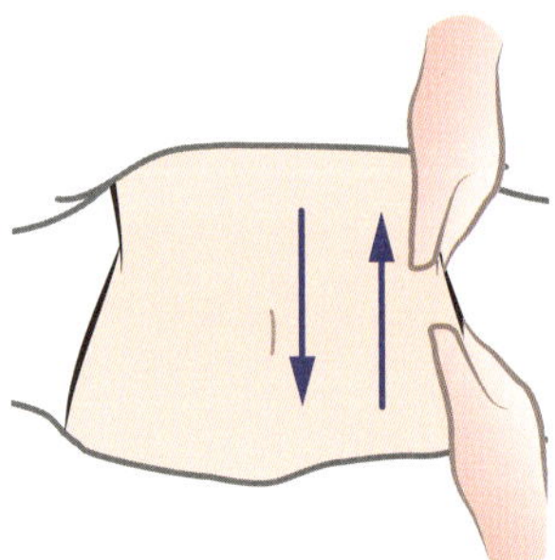

(12) 양손을 지그재그로 위아래로 어루만져 펴바르기(반죽하기)

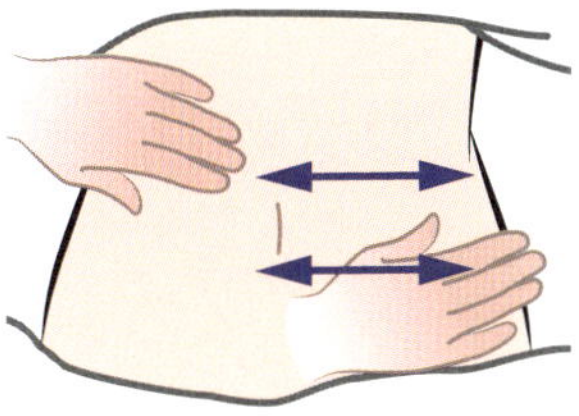

(13) 양손을 지그재그로 허리를 어루만져 펴바르기(반죽하기)

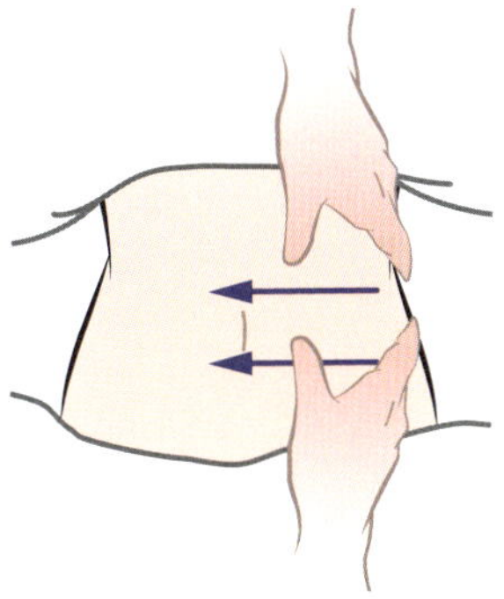

(14) 양손으로 허리에서 배꼽쪽으로 어루만져 펴바르기(반죽하기)

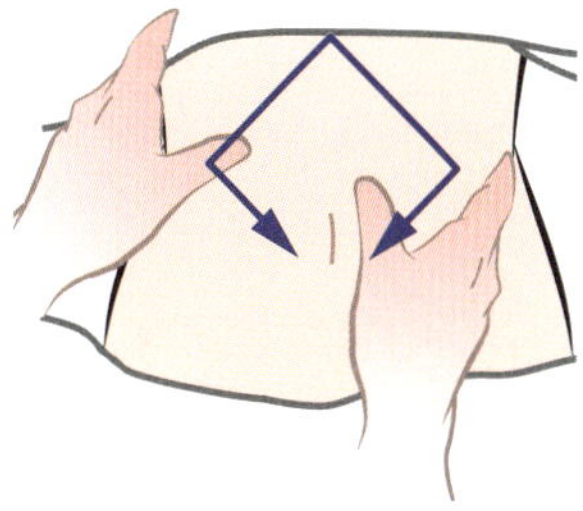

(15) 복부 중앙에서 엄지와 손으로 다이아몬드 모양으로 단전까지 밀착하여 펴바르기(문지르기)

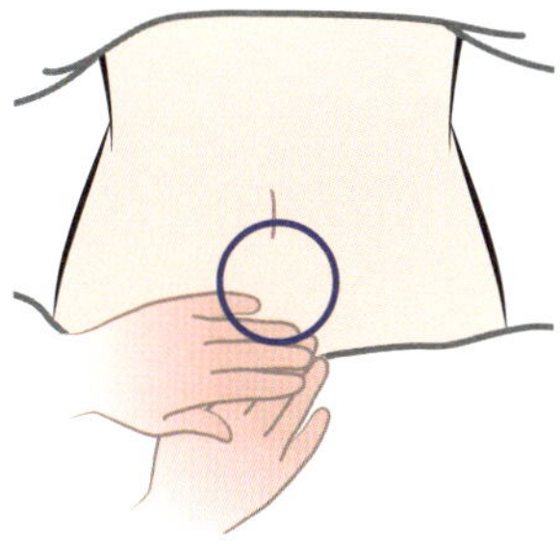

(16) 손가락을 포개 단전에 지그시 압력을 준다.

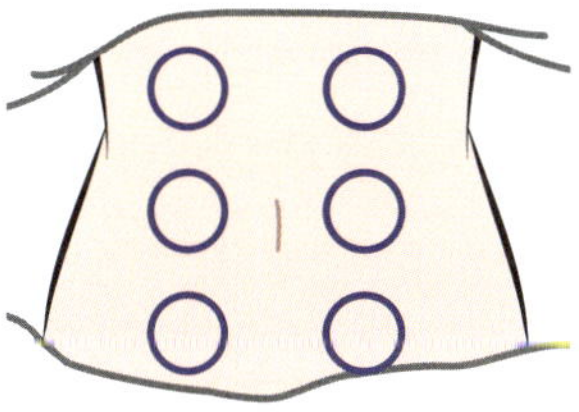

(17) 양엄지로 복부 중앙에서 아래 방향으로 압력을 수지으로 준다.

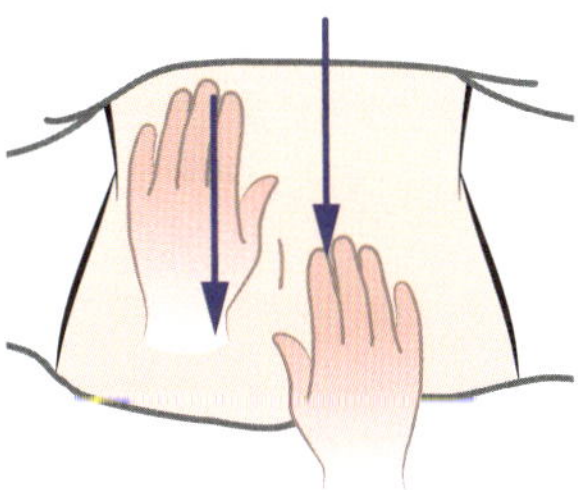

(18) 손바닥 전체로 복부 중앙에서 단전 방향으로 쓸어서 펴바르기(쓰다듬기)

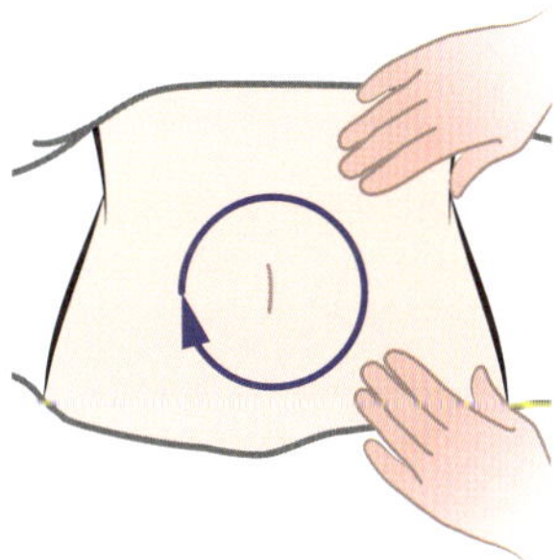

(19) 천천히 마무리 한다.

3-2 가슴관리

학습목표

1. 고객의 가슴관리 시 유두 부위를 피하고 금기 피부를 파악 할 수 있다.
2. 피부유형에 적합한 제품을 선택할 수 있다.
3. 매뉴얼테크닉을 가슴 형태를 파악하여 목적에 맞게 적용할 수 있다.
4. 가슴매뉴얼테크닉을 시간, 속도, 리듬, 밀착, 세기를 고려하여 할 수 있다.

1. 가슴관리의 이해

가슴의 피부 유형을 알고 제품을 선택하며 형체를 유지하기 위한 매뉴얼테크닉(시간, 속도, 리듬, 밀착, 세기)을 적절히 관리하여 유지할 수 있다.

2. 가슴관리 목적

① 근육에 긴장감을 주어 탄력을 잃지 않도록 하며, 제품을 사용하므로 피부보습에 도움을 준다.
② 꾸준한 보습유지로 노화를 예방한다.
③ 림프 드리니쥐를 통해 림프 순환이 촉진 된다.

3. 관리 시 주의 사항

① 림프 방향에 따라 한다.
② 근육의 결을 따라 한다.
③ 유두를 건드리지 않는다(감염 위험).
④ 위생을 철저히 한다.

TIP 가슴 관리 시 주로 이용되는 화장품 성분 : 히알루론산(Hyaruronic acid), 태반 추출물(Placenta extract), 엘라스틴(Elastin)

1) 가슴 근육

(1) 큰가슴근(대흉근, Pectoralis Major)

가슴을 거의 덮고 있는 큰 부채 모양 근육

(2) 작은가슴근(소흉근, Pectoralis Minor)

오훼돌기를 끌어당겨 내회전하는 근육

(3) 앞톱니근(전거근, Serratus Anterior)

오십견 증상을 만들고 어깨 관절을 전인시키는 근육

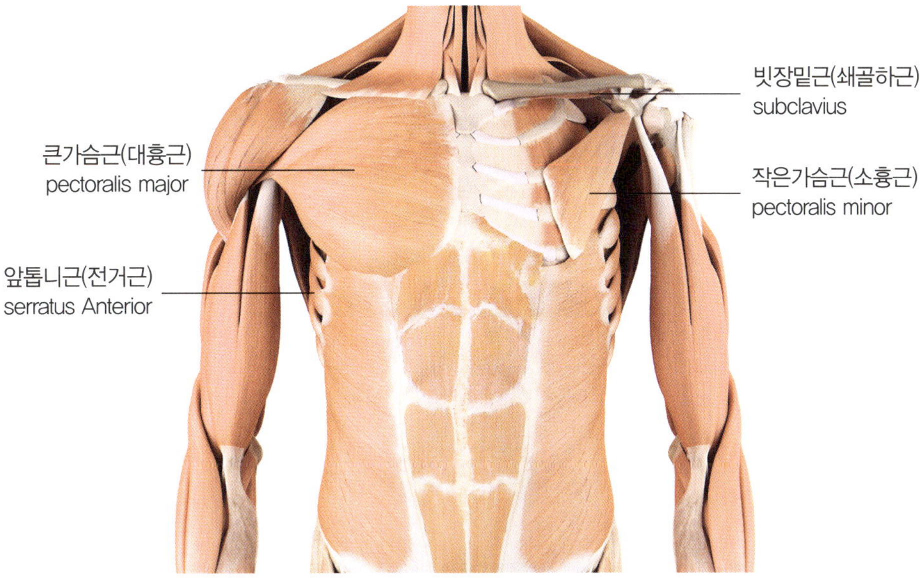

[그림 3-1] 팔 이음뼈의 근육

4. 가슴관리 수행 순서

① 고객을 베드 위에 눕히고, 터번으로 머리를 정리한다.

② 손 소독 후 1차 클렌징 끝나고 피부상태를 분석한다.

③ 분석표를 작성한다.

④ 2차 클렌징한다.

⑤ 선택된 제품으로 매뉴얼 테크닉 다섯 가지 동작을 잘 활용할 수 있다.

⑥ 매뉴얼테크닉 시 도구나 기기를 사용할 수 있다.

⑦ 필요시 온습포로 닦아 낸다.

⑧ 토너로 피부를 마무리할 수 있다.

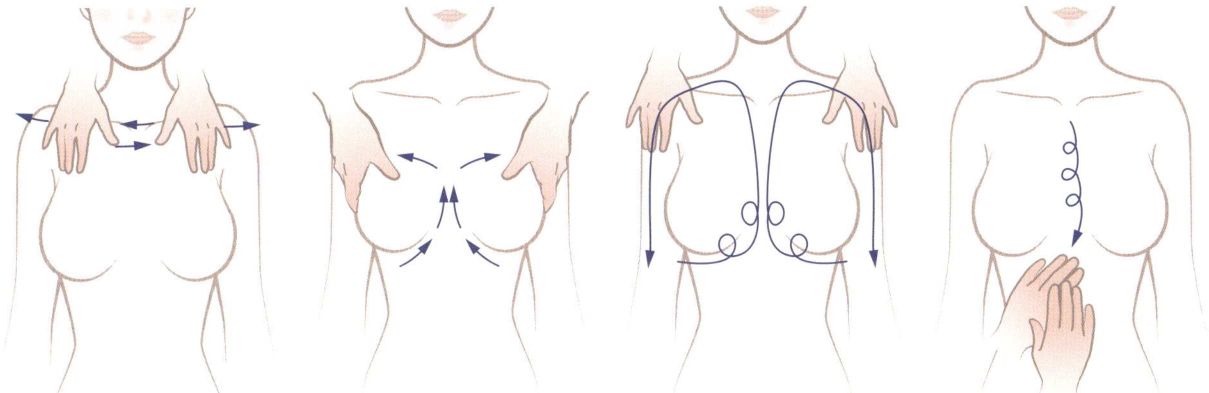

(1) 쇄골부터 데콜테 부위를 쓰다듬는다(반복).

(2) 양 손으로 가슴 전체를 쓰다듬는다.

(3) 외측늑골 부위를 둥글게 굴려 가슴 중앙을 거쳐 쇄골, 어깨 부위, 팔의 상단 부위까지 내려온다.

(4) 가슴 중앙을 둥글게 돌리면서 내려 온다.

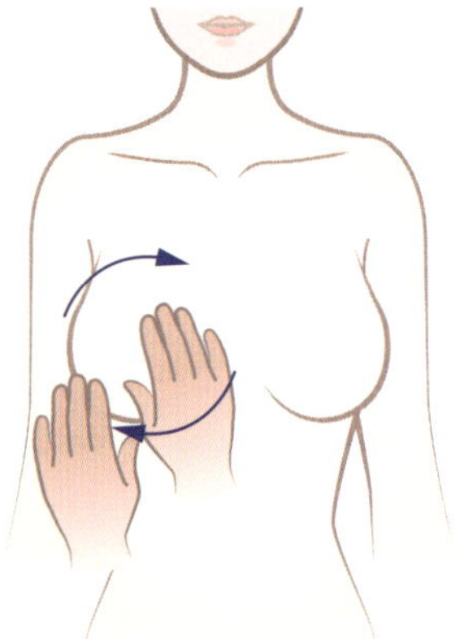

(5) 왼쪽에 서서 오른쪽 가슴 밖 → 안쪽으로 둥글게 모아 주듯 쓰다듬는다.(3회 반복)

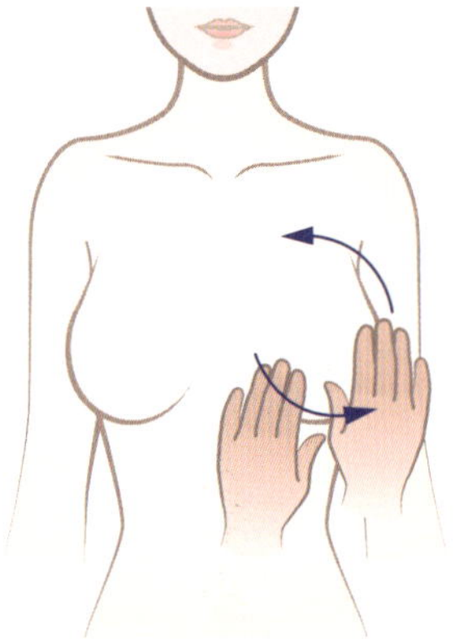

6) 가슴 반대편도 이동하여 동작을 반복(3회)

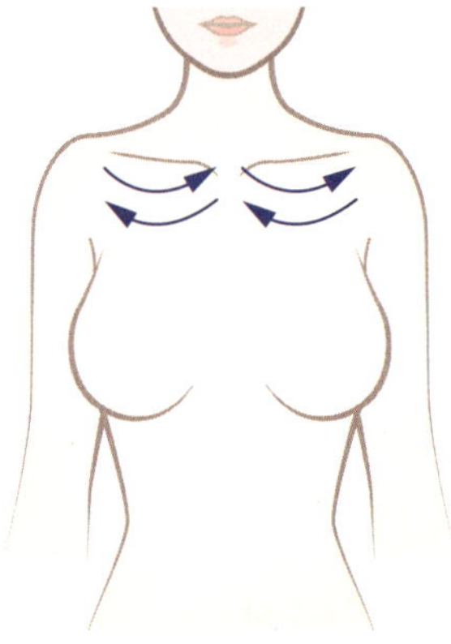

(7) 쇄골부터 데콜테 부위를 쓰다듬는다.(1번 동작 반복)

3-3 손, 팔 관리

학습목표

1. 손, 팔의 피부유형에 맞는 제품을 선택할 수 있다.
2. 어깨(견갑골), 손(끝)의 상태를 파악하고 목적에 맞는 매뉴얼테크닉을 할 수 있다.
3. 매뉴얼테크닉을 시간, 속도, 리듬, 밀착, 세기를 적절히 팔과 손에 할 수 있다.

1. 손과 팔 관리의 이해

손과 팔은 신체 다른 부위에 비해 자연노화의 건조함도 있지만 노출이 심한 부위라 노화와 주름에 좀 더 관심이 필요한 부위이다. 적절한 보습과 영양을 주며, 적당한 긴장감을 주도록 매뉴얼 테크닉으로 관리하여 회복시킨다.

2. 손, 팔 관리 효과

1) 각질제거가 되고 주름이 완화 된다.
2) 림프배농으로 피부가 맑다.
3) 시진대사가 원활하게 된다.
4) 피부 처짐이 방지 된다.
5) 피로한 근육을 회복시킨다.

1) 팔을 움직이는 근육

(1) 어깨 세모근(삼각근, Deltoid)

팔을 움직이게 하고, 세 개로 시작하는 앞, 중간, 뒤가 하나로 만나는 강하고 두꺼운 근육

(2) 위팔 세 갈래근(상완 삼두근, Triceps Brachii)

위팔 뒤쪽을 넓게 덮고 있는 세 갈래 근육으로 팔꿉 관절을 펴는 작용을 한다.

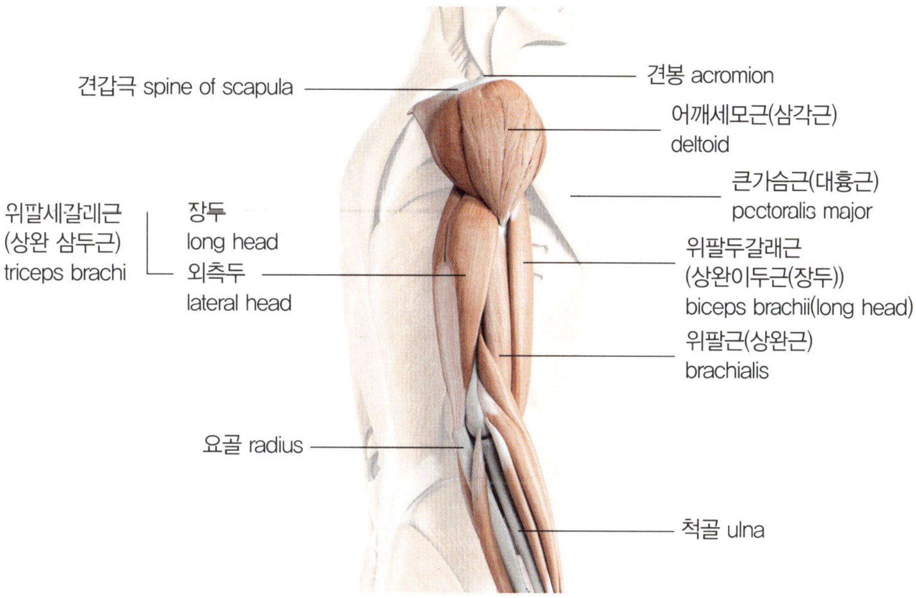

[그림 3-2] 상완의 근(외측면)

(3) 부리 위팔근(오훼완근, Coracobrachialis)

부리돌기에서 일어나 위팔뼈의 중간 안쪽에 붙어 수직으로 내려가는 근육, 위팔을 앞으로 올리는 작용을 한다

(4) 위팔 두 갈래근(상완 이두근, Biceps Brachii)

긴 갈래와 짧은 갈래가 하나로 만나며, 아래팔을 구부려서 팔꿉 관절을 펴는 작용을 한다

(5) 팔꿈치근(주근, Anconeus)

팔꿉 관절 뒤쪽 위팔세갈래근 옆으로 부착되어 있는 작은 근육으로 팔꿈치를 펴는 작용을 한다

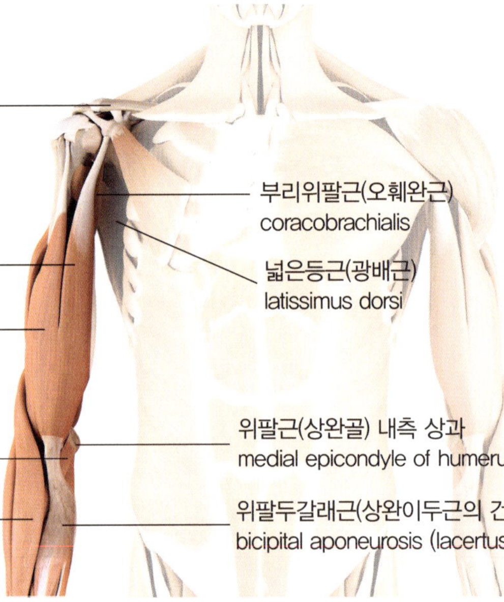

[그림 3-3] 상완의 근(전면)

2) 손과 손가락을 움직이는 근육

아래팔에 있는 근육의 대부분은 손목 관절과 손가락을 움직이며 크게 굽힘근(굴근, Flexor muscle) 무리와 폄근(신근, Extensor depressor muscle) 무리로 나뉜다.

(1) 굽힘근(굴근, Flexor muscle) 무리

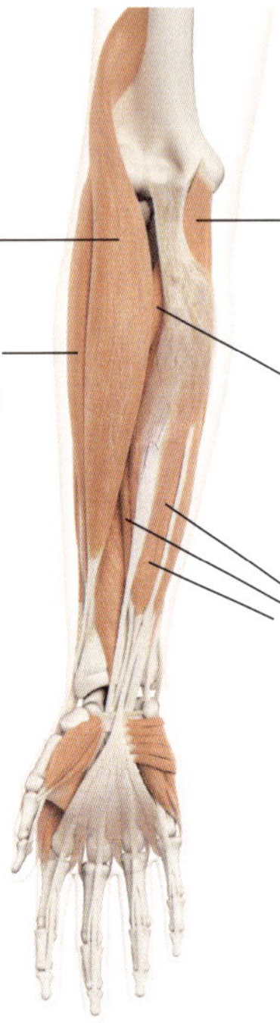

[그림 3-4] 전완의 근

(2) 폄근(신근, Extensor depressor muscle) 무리

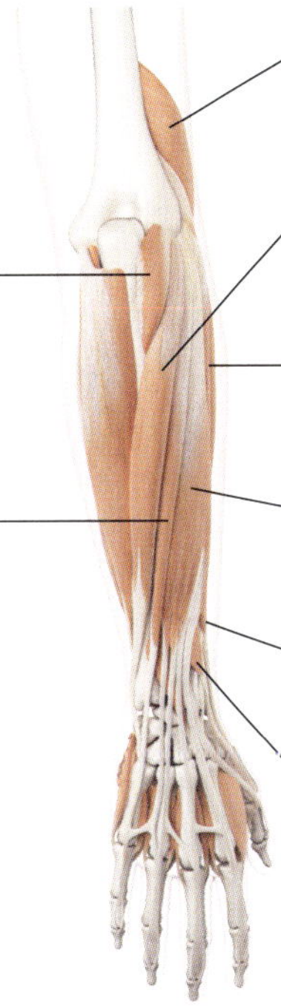

[그림 3–5] 전완의 근

3. 손, 팔 관리 수행 순서

① 베드에 눕힌 후 터번으로 머리 정리

② 손 소독 후 1차 클렌징 후 피부상태 분석

③ 피부 분석표 작성

④ 2차 클렌징

⑤ 매뉴얼테크닉(금기사항 체크, 액세서리 체크, 불편사항 등) – 테크닉 시 도구나 기기 사용 가능

⑥ 온습포(냉습포) 정리

⑦ 토너로 마무리

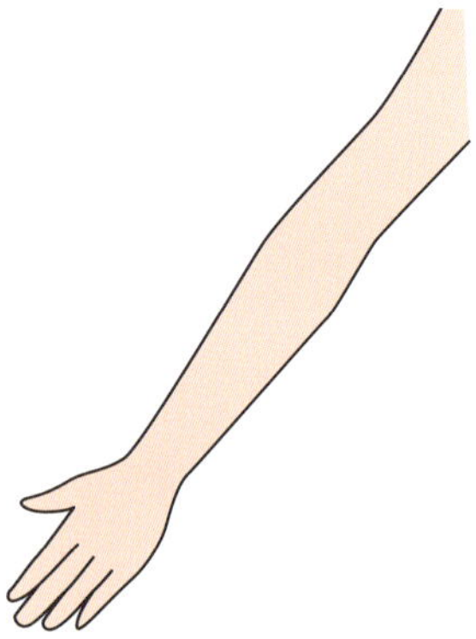

(1) 오일(크림)을 팔에 적당히 도포한다.

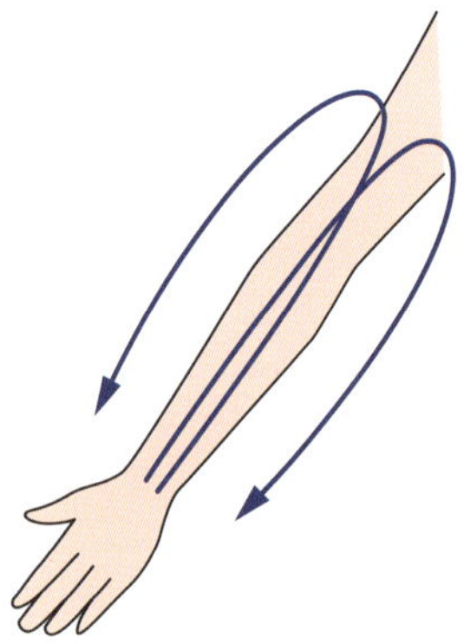

(2) 손목에서 어깨(견봉)까지 두 손으로 천천히 쓸어서 펴바르기(쓰다듬기)한다.

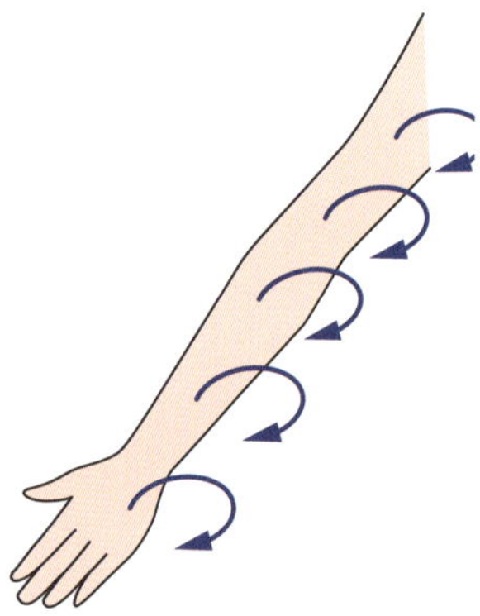

(3) 엄지를 이용해 바깥쪽을 천천히 밀착하여 펴바르기(문지르기)한다.

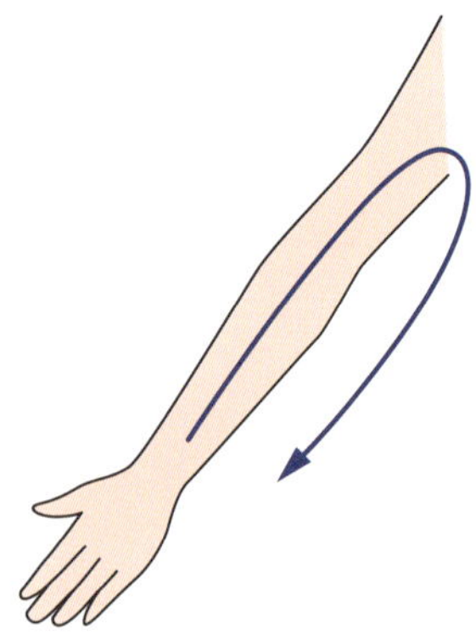

(4) 바깥쪽을 쓸어서 펴바르기(쓰다듬기)한다.

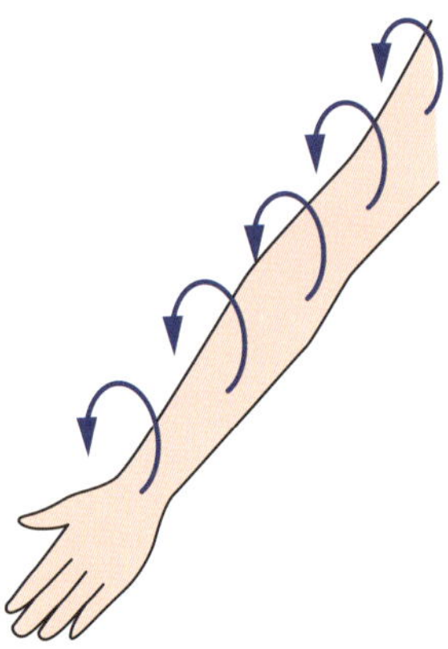

(5) 엄지를 이용해 안쪽을 천천히 밀착하여 펴바르기(문지르기)한다.

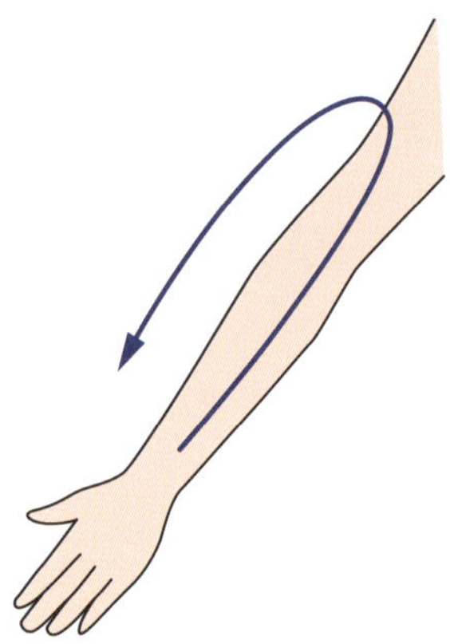

(6) 안쪽을 쓸어서 펴바르기(쓰다듬기)한다.

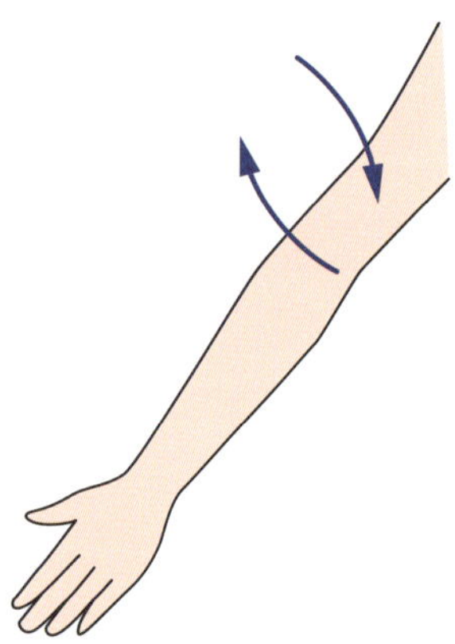

(7) 팔 안쪽(상완)을 지그재그로 어루만져 펴바르기(반죽하기)한다.

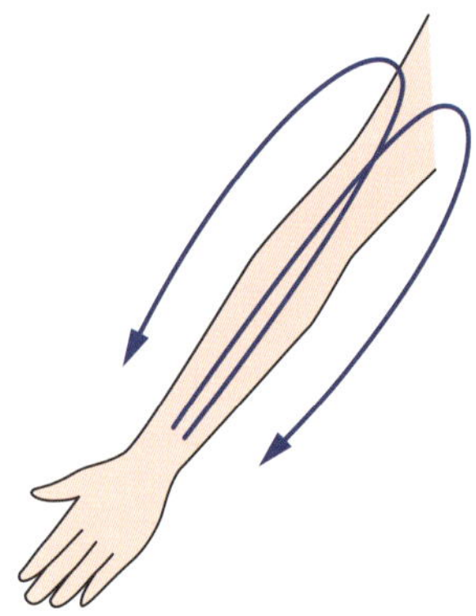

(8) 손목에서 어깨(견봉)까지 두 손으로 쓸어서 펴바르기(쓰다듬기)한다.

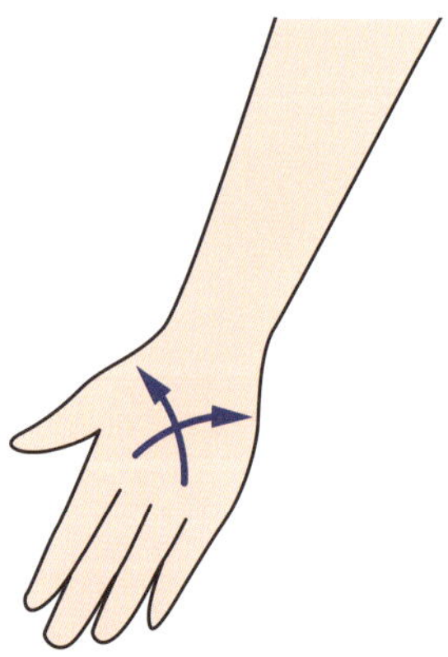

(9) 손바닥 전체를 엄지로 밀착하여 펴바르기(문지르기)한다.

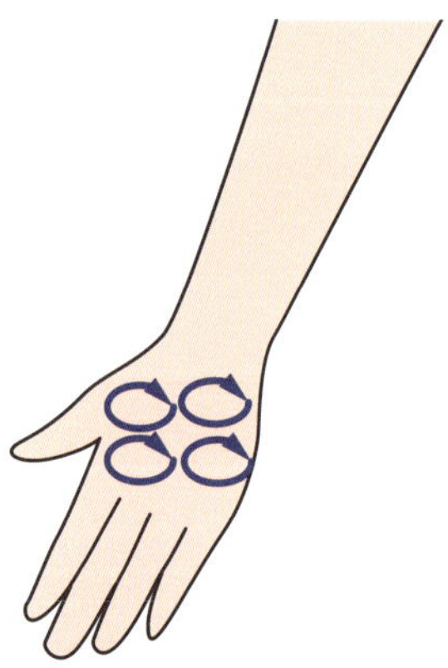

(10) 손바닥 전체를 엄지로 꾹꾹 눌러 준 후 쓸어서 펴바르기(쓰다듬기)한다.

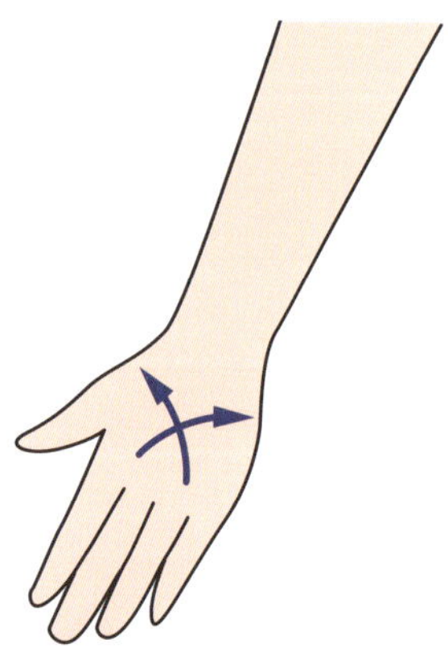

(11) 손 등을 양 엄지를 이용해 밀착하여 펴바르기(문지르기)한다.

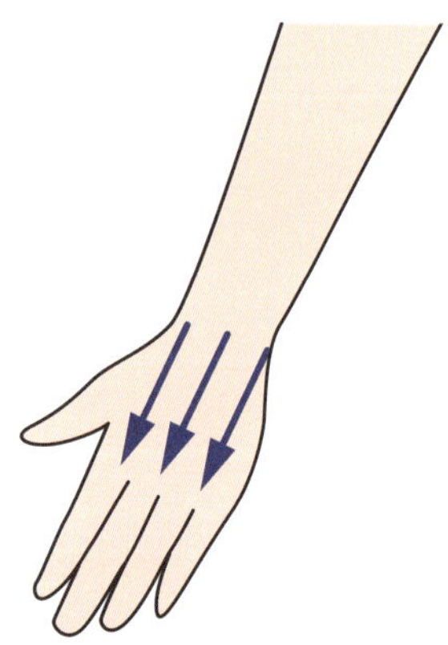

(12) 중수골 사이사이를 관리사의 엄지 45도로 세워서 관리 후 쓸어서 펴바르기(쓰다듬기)

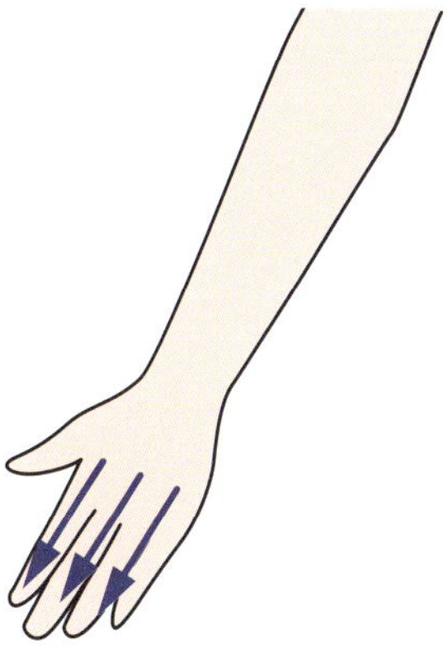

(13) 손가락의 옆면과 앞 · 뒷면을, 자극한다.(관리사 2지, 3지)

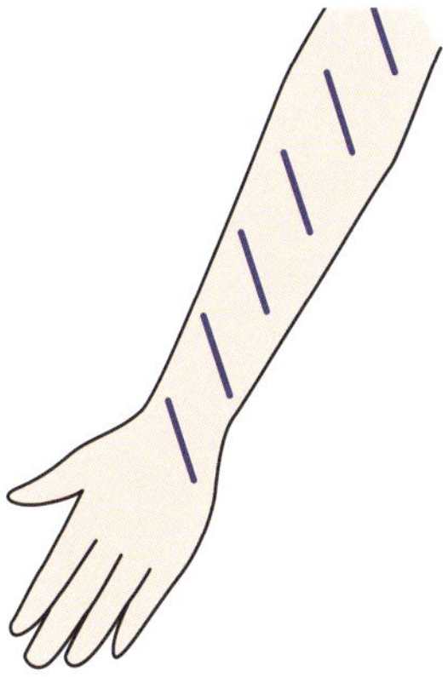

(14) 손가락으로 가볍게 토닥토닥 펴바르기(두드리기)

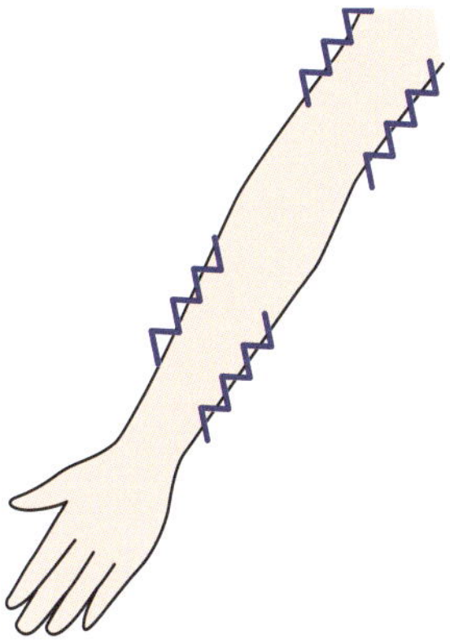

(15) 두 손을 감싸서 팔 전체를 떨며 펴바르기(흔들어주기)

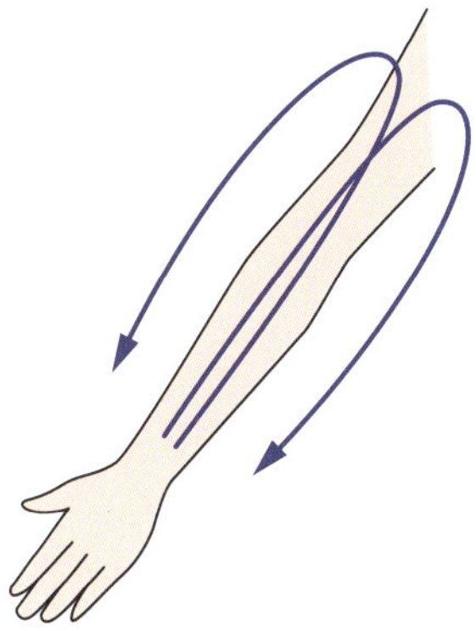

(16) 팔, 손 전체를 두 손으로 쓸어서 펴바르기(쓰다듬기) – 마무리 동작

TIP 타월드라이 : 매뉴얼 테크닉 전이나 후(습포)에 근육을 이완시켜 주는 동작

3-4 발, 다리 전면관리

학습목표

1. 발, 다리 전면 피부를 파악하고 금기해야 할 관리를 안다.
2. 발, 다리 피부유형에 적합한 제품을 선택할 수 있다.
3. 발, 다리의 상태를 파악하고 매뉴얼테크닉을 목적에 적합하게 구사할 수 있다.
4. 매뉴얼테크닉을 시간, 속도, 리듬, 밀착, 세기를 고려하여 발, 다리에 할 수 있다.

1. 발, 다리관리 이해

신체에서 가장 노폐물이 잘 쌓이고 피로해 지는 부위이며, 제2의 심장이라고 불릴 정도로 중요한 역할을 한다. 발과 다리의 밸런스를 파악하여 매뉴얼테크닉이나 도구를 이용해 회복시킨다.

2. 발, 다리관리의 부적용 대상

① 정맥류가 있는 사람
② 염증성 열을 동반 하는 사람
③ 염증성 부종이 심한 사람
④ 뼈가 약한 사람
⑤ 암 환자나 전염성 질환 환자
⑥ 수술 직후의 환자
⑦ 접촉성 피부 환자

3. 발, 다리 전면 근육

다리 근육은 인체에서 가장 강력하고 큰 근육으로 체중을 지탱하고 보행할 때 다리를 움직이는 작용을 한다.

1) 넙다리 네 갈래근(대퇴사두근, Quadriceps femoris)

넓적다리(대퇴)의 앞부분에 있는 네 개의 큰 근육으로 무릎을 펴는 작용을 한다.
① 넙다리 곧은근(대퇴직근, Rectus femoris)
② 가쪽 넓은근(외측광근, Vastus Lateralis)
③ 안쪽 넓은근(내측광근 Vastus Medialis)
④ 중간 넓은근(중간광근 Vastus Intermedialis)

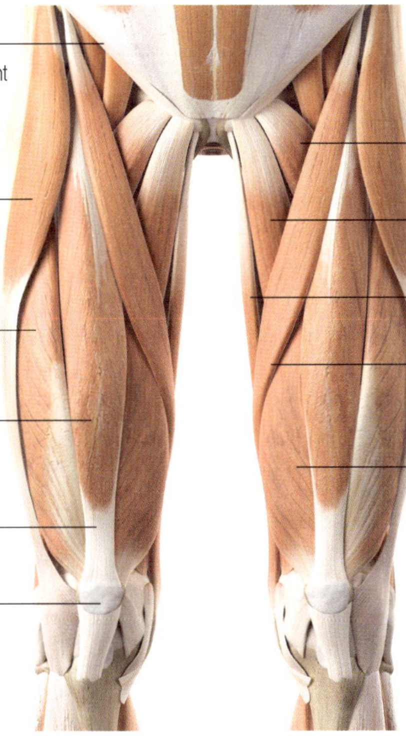

[그림 3-6] 대퇴의 근

2) 넙다리 빗근(봉공근, Sartorius)

인체 근육 증 가장 긴 근육으로 엉덩관절, 무릎관절에 작용하여 넓적다리를 굽히고 가쪽으로 회전시키며 다리를 굽히고 안쪽으로 회전시키는 작용을 한다.

3) 두덩근(치골근, Pectineal muscle)

치골에서 넓적다리뼈까지 연결되는 근육으로 넓적다리를 모은다.

4) 두덩 정강근(박근, Gracilis muscle)

치골에서 정강뼈까지 연결되는 관절 근육으로 넓적다리를 모은다.

5) 긴 모음근(장내 전근 Long adductor muscle)

넓적다리를 모으는 근육이다.

6) 짧은 모음 근(단내전근, Short adductor muscle)

넓적다리를 모으는 근육이다.

7) 큰 모음근(대내전근, Great adductor muscle)

넓적다리를 펴고 가쪽으로 회전시킨다.

4. 발, 다리 후면 근육

1) 넙다리 두갈래근(대퇴이두근, Biceps Femoris)

긴 근육과 짧은 근육으로 되어 있다.

2) 반힘줄 모양근(반건양근, Semitendinosus)

엉덩관절 신전, 무릎관절 굴곡을 하는 근육이다.

3) 반막 모양근(반막양근, Semimembranosus)

엉덩 관절 신전, 무릎 관절 굴곡을 하는 근육이다.

4) 넙다리 뒤근육(슬괵근, Hamstring)

햄스트링이라 부르며 젖산 축적 피로, 경련이 자주 일어나는 근육이다.

5) 오금근(슬와근, Popliteus)

후면 무릎 깊숙이 자리잡은 삼각형 모양의 근육

6) 장딴지근(비복근, Gastrocnemius)

아킬레스건으로 이어지는 종아리 가장 표층에 있는 근육이다.

7) 가자미근(넙치근, Soleus)

아킬레스건으로 이어지는 하퇴 심장이라 불리는 근육이다.

8) 발바닥근(족저근, Plantaris)

아킬레스건을 이루는 길고 얇은 근육이다.

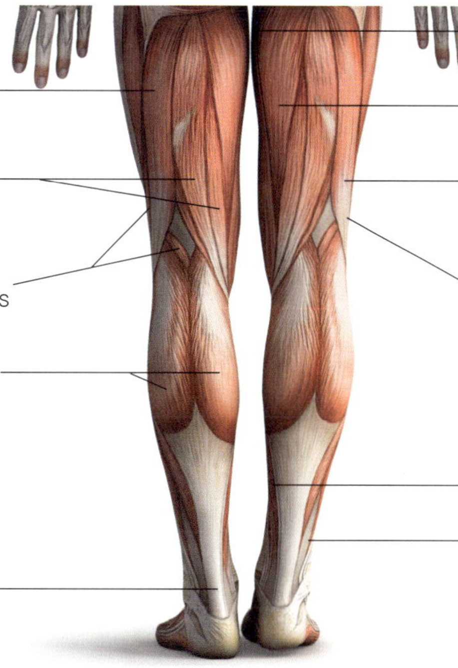

[그림 3-7] 전신의 근육(후면)

5. 발, 다리관리 수행 순서

① 고객을 베드에 눕히고, 터번으로 머리를 정리한다.

② 1차 클렌징 후 피부상태 분석 한다.

③ 분석표를 작성한다.

④ 2차 딥클렌징

⑤ 매뉴얼테크닉(기기나 도구를 사용 가능) 금기사항 체크, 금속액세서리 여부 체크 등

⑥ 온습포

⑦ 토너로 마무리

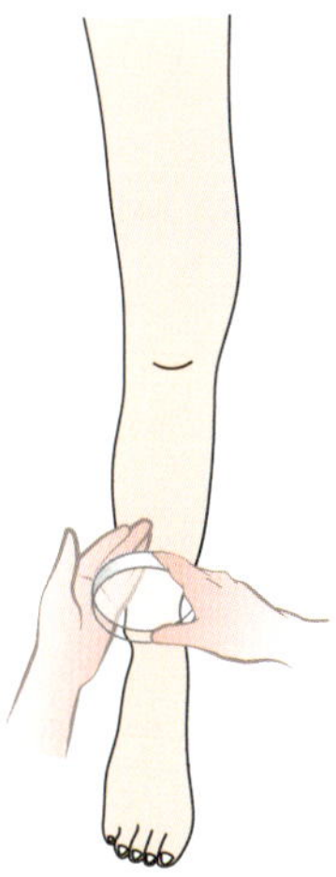

(1) 오일(크림)을 다리에 가볍게 도포한다.

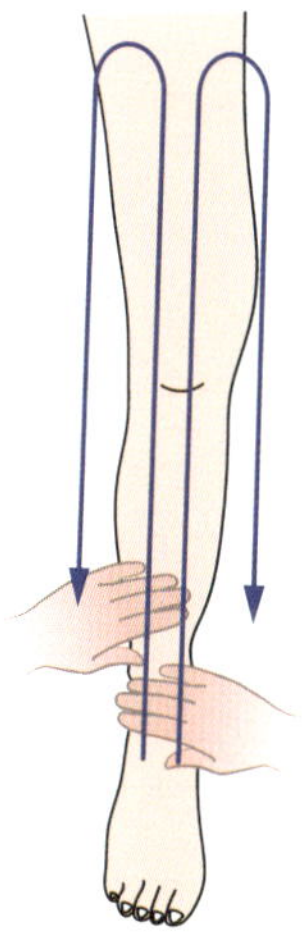

(2) 발목에서 서혜부까지 쓸어서 펴바르기(쓰다듬기)3회

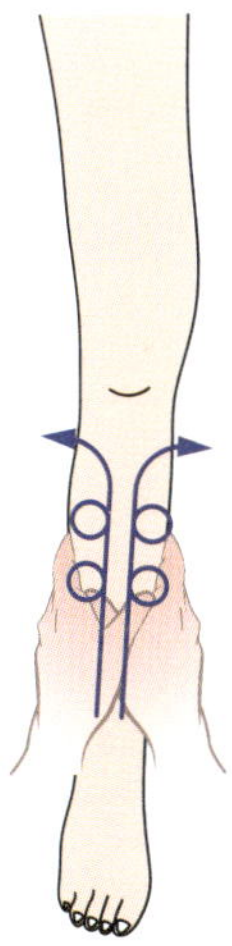

(3) 발목에서 무릎까지 엄지로 작은 원을 그리면서 밀착하여 펴바르기(문지르기)

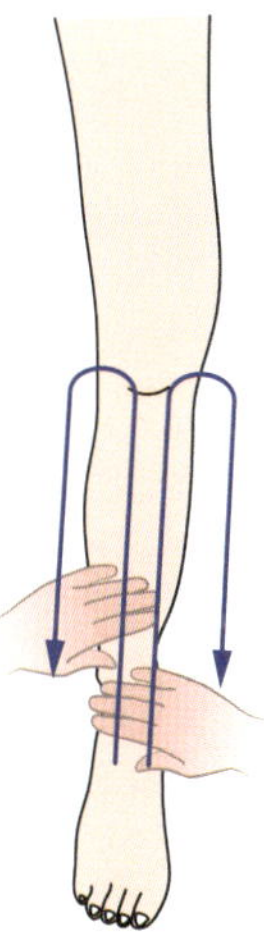

(4) 발목에서 무릎까지 손바닥으로 쓸어서 펴바르기(쓰다듬기)

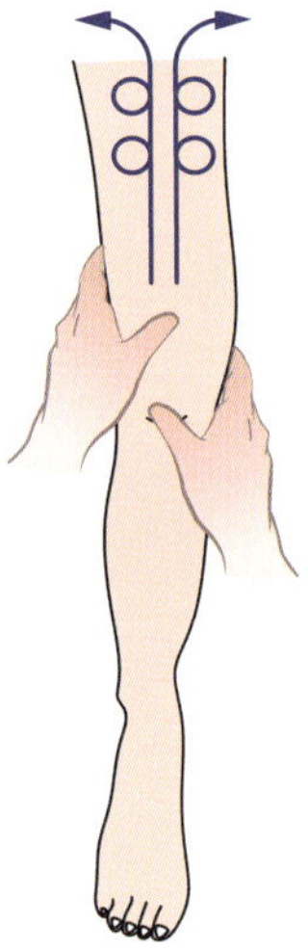

(5) 무릎에서 서혜부까지 엄지로 큰 원을 그리면서 밀착하여 펴바르기(문지르기)

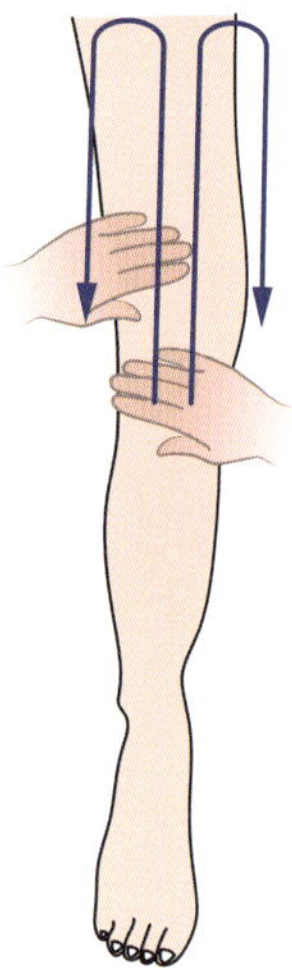

(6) 무릎에서 서혜부까지 손바닥으로 쓸어서 펴바르기(쓰다듬기)

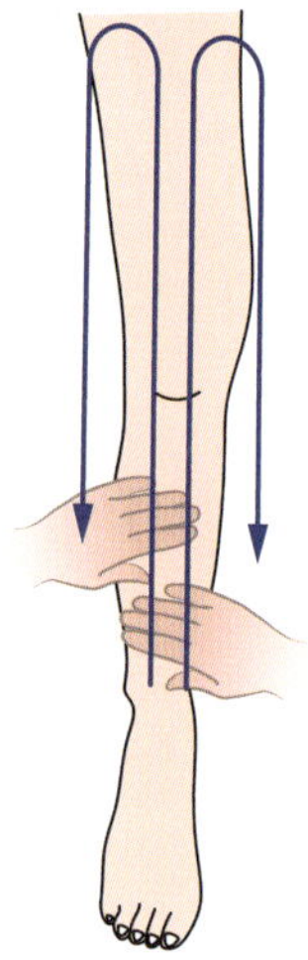

(7) 발목에서 서혜부까지 쓸어서 펴바르기(쓰다듬기)

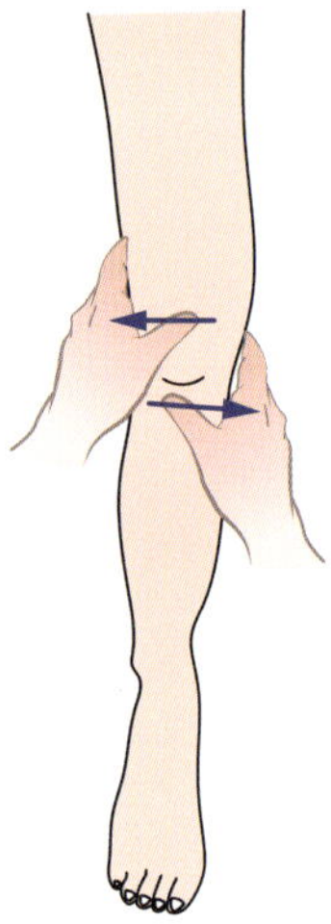

(8) 무릎(모양대로)을 엄지로 파주 듯 밀착해 펴바르기(문지르기)

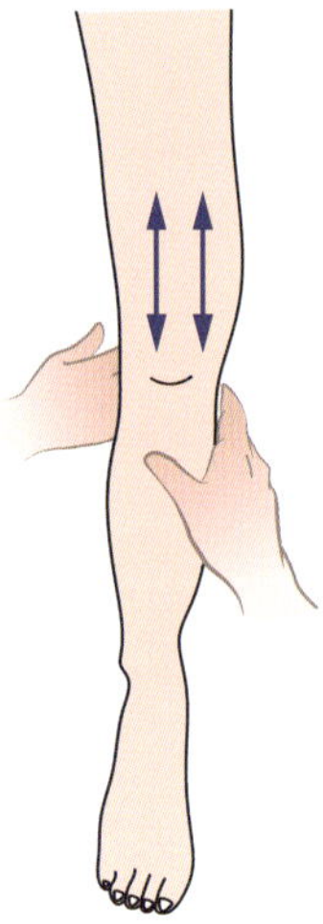

(9) 슬와 부분을 양손가락을 넣어 밀착하여 펴바르기(문지르기)

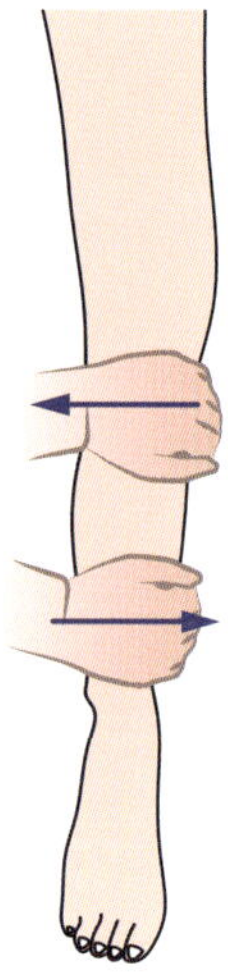

(10) 발목에서 무릎까지 안쪽을 손바닥 전체로 어루만져 펴바르기(반죽하기)

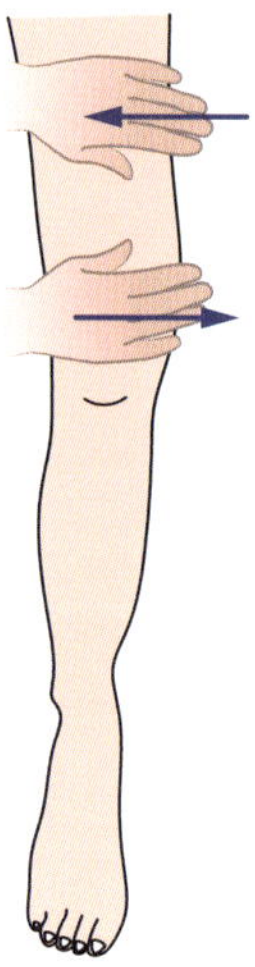

(11) 허벅지 부분을 손바닥 전체를 이용해 어루만져 펴바르기(반죽하기)

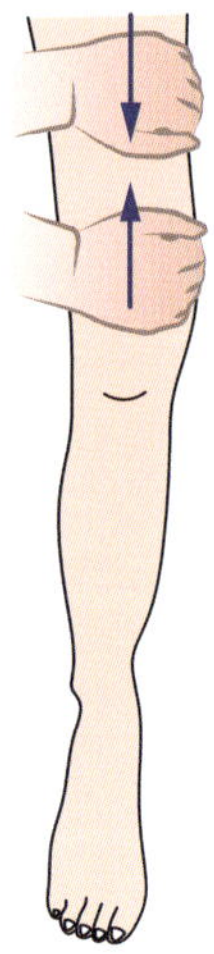

(12) 무릎과 서혜부에 손을 놓고 위아래 어루만지며 펴바르기(반죽하기)

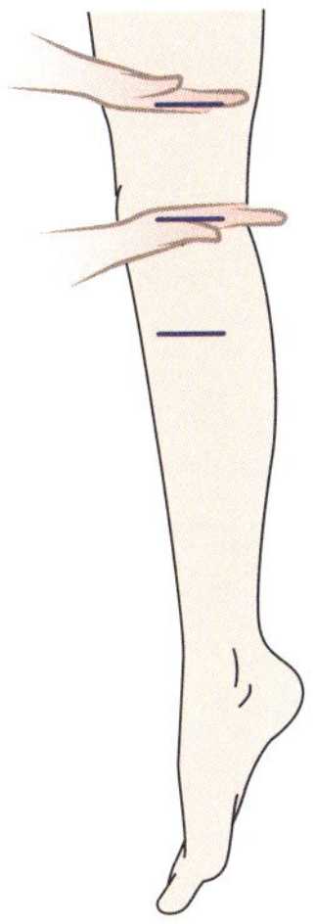

(13) 무릎에서 서혜부까지 손바닥을 세워서 펴바르기(두드리기)

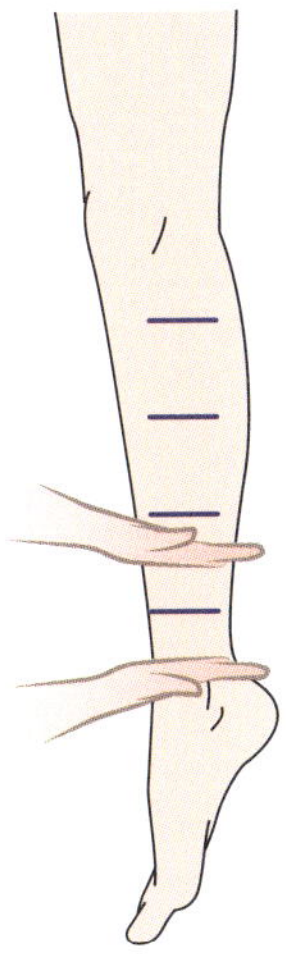

(14) 발목에서 무릎까지 손바닥을 세워서 펴바르기(두드리기)

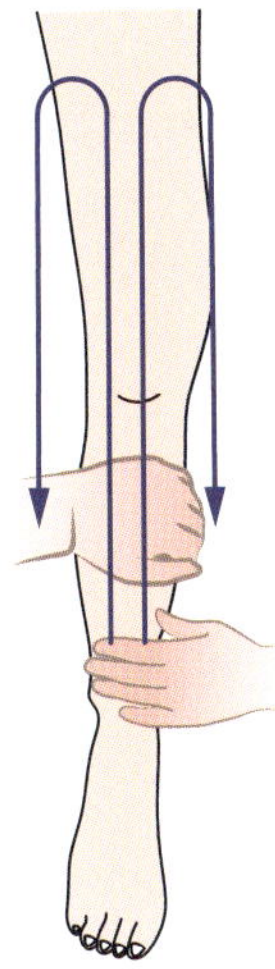

(15) 발목에서 서혜부까지 쓸어서 펴바르기(쓰다듬기)

(16) 서혜부에서 발목까지 손바닥 전체로 떨며 펴바르기(흔들어주기)

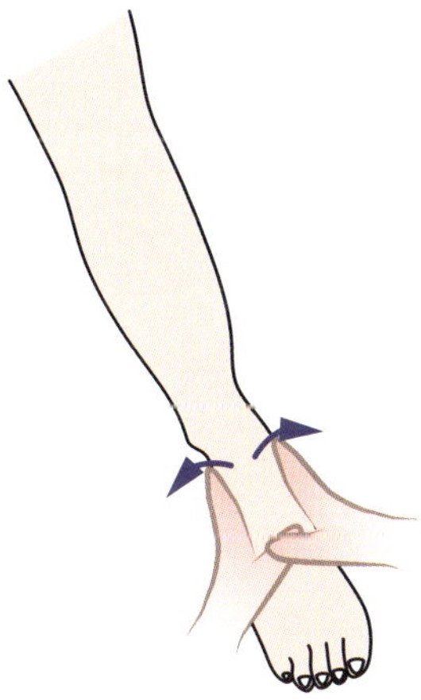

(17) 복사뼈 안 · 밖을 중지로 원을 그리며 쓸어서 펴바르기(쓰다듬기)

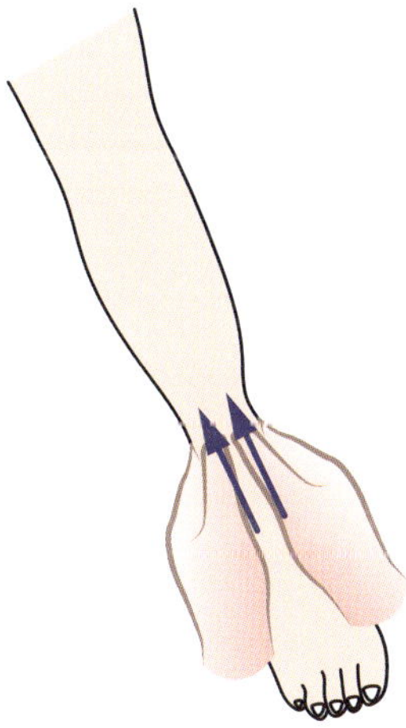

(18) 발목 앞쪽(접히는)을 엄지 옆면으로 쓸어서 펴바르기(쓰다듬기)

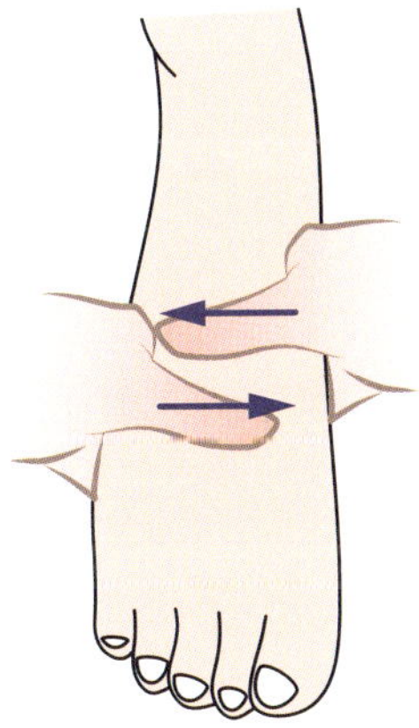

(19) 발등 중간을 엄지로 사과 쪼개 듯 밀착하여 펴바르기(문지르기)

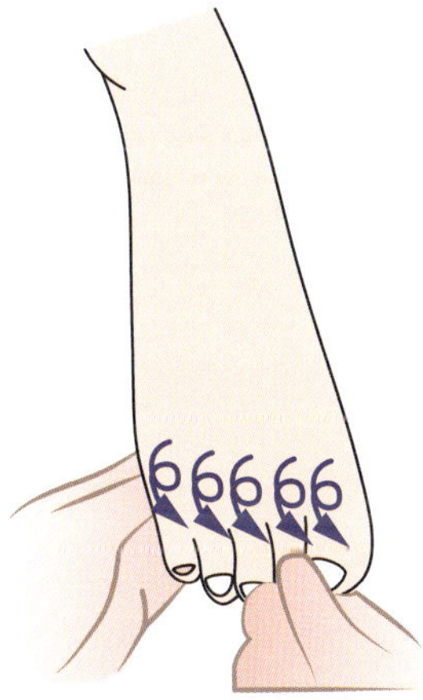

(20) 발가락에 작은 원을 그리면서 쓸어서 펴바르기(쓰다듬기)

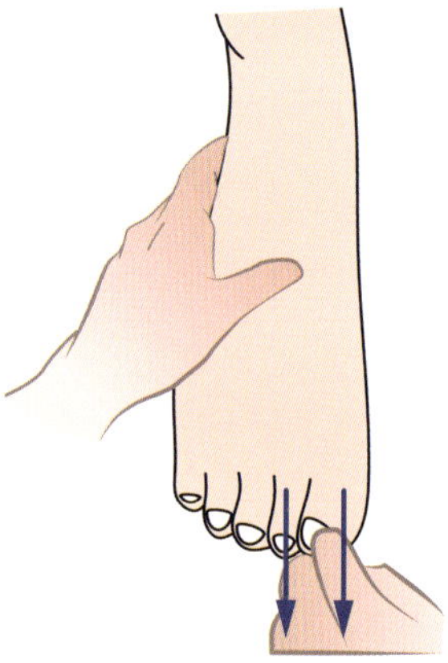

(21) 발가락을 엄지와 검지로 옆면과 위・아래면을 뽑아준다.

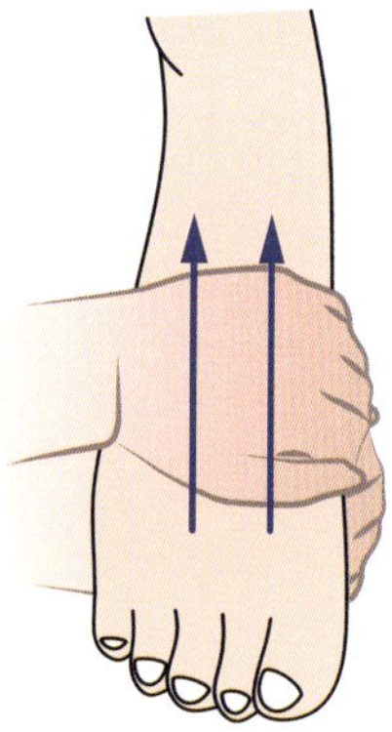

(22) 발 전체를 손으로 감싸고 쓸어서 펴바르기(쓰다듬기)

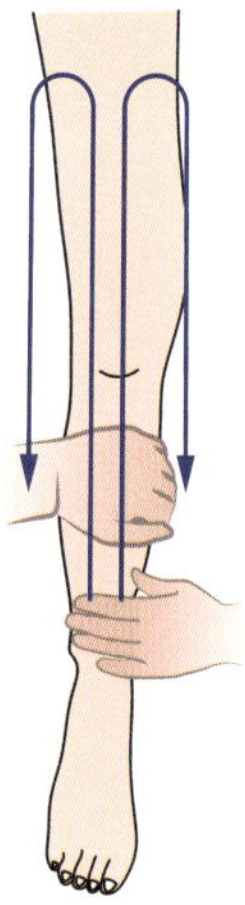

(23) 발목에서 서혜부까지 쓸어서 펴바르기(쓰다듬기)

3-5 학습 평가 방법

분류번호 : 1201010241_20v6
능력단위 명칭 : 신체 피부미용 전면관리

1. 학습 방법 및 평가 방법

① 복부관리는 민감한 부위로 중요성과 금기 사항을 이해시키며, 복부관리의 목적과 효과를 학습시키고 평가한다.

② 가슴관리가 가장 민감한 부위인 것을 상기시켜 금기 사항과 상태에 따른 중요성을 파악한 후, 유두 부위는 반듯이 피해 관리하고 전반의 내용을 학습시키고 평가한다.

③ 신체피부미용 전면 부위(복부, 가슴, 손, 팔, 발, 다리 전면)를 각각 매뉴얼테크닉 수행 시 시간, 속도, 리듬, 밀착, 강약을 적절하게 구사할 수 있도록 학습시키고 평가한다.

④ 신체피부미용 전면 부위(복부, 가슴, 손, 팔, 발, 다리 전면)를 각각 매뉴얼테크닉 다섯 가지 동작(쓸어서 펴바르기, 밀착하여 펴바르기, 어루만져 펴바르기, 토닥토닥 펴바르기, 떨며 펴바르기)을 적절하게 관리할 수 있도록 학습시키고 평가한다.

⑤ 신체피부미용 전면 부위(복부, 가슴, 손, 팔, 발, 다리 전면) 관리 시 철저한 위생의 중요성과 각 부위별 적합한 매뉴얼테크닉을 적용할 수 있도록 학습시키고 평가한다.

⑥ 신체피부미용 전면 부위(복부, 가슴, 손, 팔, 발, 다리 전면) 각각에 알맞은 피부미용기기 및 기구를 활용할 수 있도록 학습시키고 평가한다.

2. 평가 준거

평가자 평가 사항

학습내용	학습목표	성취수준		
		상	중	하
복부관리	- 고객의 복부 상태에 따른 금기 사항을 파악할 수 있다.			
	- 복부피부유형에 맞는 제품을 선택할 수 있다.			
	- 복부의 상태를 파악하고 목적에 맞는 복부매뉴얼테크닉을 적용할 수 있다.			
	- 시간, 속도, 리듬, 밀착, 세기를 고려하여 복부 매뉴얼 테크닉을 구사할 수 있다.			
가슴관리	- 고객의 가슴피부를 파악하여 금기해야 할 관리와 유두 부위를 피할 수 있다.			
	- 가슴피부유형에 맞는 제품을 선택할 수 있다.			
	- 가슴의 형태를 파악하고 목적에 맞는 매뉴얼테크닉을 적용할 수 있다.			
	- 시간, 속도, 리듬, 밀착, 세기를 고려하여 가슴매뉴얼테크닉을 구사할 수 있다.			
손, 팔관리	- 손, 팔 피부유형에 맞는 제품을 선택할 수 있다.			
	- 손, 팔의 상태를 파악하고 목적에 맞는 매뉴얼테크닉을 구사할 수 있다.			
	- 시간, 속도, 리듬, 밀착, 세기를 고려하여, 손, 팔 매뉴얼테크닉을 구사할 수 있다.			
	- 손끝에서 어깨견갑골까지 매뉴얼테크닉을 적용할 수 있다.			

학습내용	학습목표	성취수준		
		상	중	하
발, 다리 전면관리	- 고객의 발, 다리 피부를 파악하여 금기해야 할 관리를 피할 수 있다.			
	- 발과 다리 피부유형에 맞는 제품을 선택할 수 있다.			
	- 발과 다리의 상태를 파악하고 목적에 맞는 매뉴얼테크닉을 적용할 수 있다.			
	- 시간, 속도, 리듬, 밀착, 세기를 고려하여 발, 다리 매뉴얼테크닉을 구사할 수 있다.			

3. 평가 방법

평가자 체크리스트

학습내용	평가항목	성취수준		
		상	중	하
복부관리	- 복부 상태 유형별 제품 선택 능력			
	- 다섯 가지 매뉴얼테크닉 적용과 안배			
	- 몸매 화장품의 올바른 사용			
	- 위생적인 복부관리 수행 능력			
가슴관리	- 가슴 상태 피부유형별 제품 선택 능력			
	- 다섯 가지 매뉴얼테크닉 적용과 안배 능력			
	- 몸매화장품의 올바른 사용			
	- 위생적인 가슴관리 수행 능력			
	- 고객 배려 능력			
손, 팔관리	- 손, 팔 관리의 위생적 수행 능력			
	- 화장품 활용 방법 숙지 여부			
	- 시간, 속도, 리듬, 밀착, 세기를 고려한 수행 능력			
	- 다섯 가지 매뉴얼테크닉 적용과 안배 능력			
발, 다리 전면관리	- 부적용 대상 구분 능력			
	- 유형에 맞는 제품 선택 능력			
	- 다섯 가지 매뉴얼테크닉 적용과 안배 능력			
	- 위생적인 발, 다리 관리 능력			

작업장 평가

학습내용	평가항목	성취수준		
		상	중	하
복부관리	- 관리사의 복장 상태 적합성 여부			
	- 복부관리에 적합한 준비사항 수행 여부			
	- 복부관리 시 유의 사항 준수 여부			
	- 피부유형별 제품 선택 능력			
	- 복부 부위에 적합한 매뉴얼테크닉 구사			
	- 관리 시 고객에 대한 배려 여부			

학습내용	평가항목	성취수준		
		상	중	하
가슴관리	- 관리사의 복장 상태 적합성 여부			
	- 가슴관리에 적합한 준비사항 수행 여부			
	- 가슴관리 시 유의 사항 준수 여부			
	- 피부유형별 제품 선택 능력			
	- 가슴관리 부위에 적합한 매뉴얼테크닉 구사			
	- 관리 시 고객에 대한 배려 여부			
손, 팔관리	- 관리사의 복장 상태 적합성 여부			
	- 손, 팔 관리에 적합한 준비사항 수행 여부			
	- 손, 팔 관리 시 유의 사항 준수 여부			
	- 피부유형별 제품 선택 능력			
	- 손, 팔 관리 부위에 적합한 매뉴얼테크닉 구사			
	- 관리 시 고객에 대한 배려 여부			
발, 다리 전면관리	- 관리사의 복장 상태 적합성 여부			
	- 발, 다리 전면관리에 적합한 준비사항 수행 여부			
	- 발, 다리 전면관리 시 유의 사항 준수 여부			
	- 피부유형별 제품 선택 능력			
	- 발, 다리 각 부위에 적합한 매뉴얼테크닉 구사			
	- 관리 시 고객에 대한 배려 여부			

분류번호 : 1201010241_20v6

능력단위명칭 : 신체 피부미용 전면관리

능력단위요소 : 1201010241_20v6.1 복부관리하기

<table>
<tr><th rowspan="2">영역</th><th rowspan="2">평가내용</th><th colspan="5">평가</th></tr>
<tr><th>5</th><th>4</th><th>3</th><th>2</th><th>1</th></tr>
<tr><td>수행준거1.1</td><td>고객의 복부상태에 따른 금기사항을 파악할 수 있다.</td><td></td><td></td><td></td><td></td><td></td></tr>
<tr><td>수행준거1.2</td><td>복부 피부유형에 맞는 제품을 선택할 수 있다.</td><td></td><td></td><td></td><td></td><td></td></tr>
<tr><td>수행준거1.3</td><td>복부의 상태를 파악하고 목적에 맞는 복부 매뉴얼 테크닉을 적용 할 수 있다.</td><td></td><td></td><td></td><td></td><td></td></tr>
<tr><td>수행준거1.4</td><td>시간, 속도, 리듬, 밀착, 세기를 고려하여 복부 매뉴얼 테크닉을 구사 할 수 있다.</td><td></td><td></td><td></td><td></td><td></td></tr>
<tr><td rowspan="5">실습자
(고려사항)</td><td>1. 피부유형에 맞는 매뉴얼테크닉을 구사할 수 있는가?</td><td></td><td></td><td></td><td></td><td></td></tr>
<tr><td>2. 고객에게 과정 설명과 주위 환경 파악 능력이 있는가?</td><td></td><td></td><td></td><td></td><td></td></tr>
<tr><td>3. 부적용 피부 상태 파악 능력이 있는가?</td><td></td><td></td><td></td><td></td><td></td></tr>
<tr><td>4. 금속 액세서리는 제거 되었는가?</td><td></td><td></td><td></td><td></td><td></td></tr>
<tr><td>5. 피부미용기기 상태 파악 및 관리 능력이 있는가?</td><td></td><td></td><td></td><td></td><td></td></tr>
</table>

평가일		평가자	
실습자명		고객명	

분류번호 : 1201010241_20v6

능력단위명칭 : 신체 피부미용 전면관리

능력단위요소 : 1201010241_20v6.2 가슴관리하기

영역	평가내용	평가				
		5	4	3	2	1
수행준거2.1	고객의 가슴피부를 파악하여 금기해야할 관리와 유두부위를 피할 수있다.					
수행준거2.2	가슴 피부유형에 맞는 제품을 선택할 수 있다.					
수행준거2.3	가슴의 형태를 파악하고 목적에 맞는 매뉴얼 테크닉을 적용할 수 있다.					
수행준거2.4	시간, 속도, 리듬, 밀착, 세기를 고려하여 가슴 매뉴얼 테크닉을 구사할 수 있다.					
실습자 (고려사항)	1. 피부유형에 맞는 매뉴얼테크닉을 구사할 수 있는가?					
	2. 고객에게 과정 설명과 주위 환경 파악 능력이 있는가?					
	3. 부적용 피부 상태 파악 능력이 있는가?					
	4. 금속 액세서리는 제거 되었는가?					
	5. 피부미용기기 상태 파악 및 관리 능력이 있는가?					

평가일		평가자	
실습자명		고객명	

분류번호 : 1201010241_20v6

능력단위명칭 : 신체 피부미용 전면관리

능력단위요소 : 1201010241_20v6.3 손・팔관리하기

영역	평가내용	평가				
		5	4	3	2	1
수행준거3.1	손, 팔 피부유형에 맞는 제품을 선택할 수 있다.					
수행준거3.2	손, 팔의 상태를 파악하고 목적에 맞는 매뉴얼 테크닉을 구사할 수있다.					
수행준거3.3	시간, 속도, 리듬, 밀착, 강약을 고려하여 손, 팔 매뉴얼 테크닉을 구사할 수 있다.					
수행준거3.4	손끝에서 어깨견갑골까지 매뉴얼 테크닉을 적용 할 수 있다.					
실습자 (고려사항)	1. 피부유형에 맞는 매뉴얼테크닉을 구사할 수 있는가?					
	2. 고객에게 과정 설명과 주위 환경 파악 능력이 있는가?					
	3. 부적용 피부 상태 파악 능력이 있는가?					
	4. 금속 액세서리는 제거되었는가?					
	5. 피부미용기기 상태 파악 및 관리 능력이 있는가?					

평가일		평가자	
실습자명		고객명	

분류번호 : 1201010241_20v6

능력단위명칭 : 신체 피부미용 전면관리

능력단위요소 : 1201010241_20v6.4 발, 다리 전면 관리하기

영역	평가내용	평가				
		5	4	3	2	1
수행준거4.1	고객의 발, 다리 전면 피부를 파악하여 금기해야 할 관리를 피할 수있다.					
수행준거4.2	발과 다리 전면 피부유형에 맞는 제품을 선택할 수 있다.					
수행준거4.3	발과 다리 전면의 상태를 파악하고 목적에 맞는 매뉴얼 테크닉을 적용할 수 있다.					
수행준거4.4	시간, 속도, 리듬, 밀착, 강약을 고려하여 발, 다리 매뉴얼테크닉을 구사할 수 있다.					
실습자 (고려사항)	1. 피부유형에 맞는 매뉴얼테크닉을 구사할 수 있는가?					
	2. 고객에게 과정 설명과 주위 환경 파악 능력이 있는가?					
	3. 부적용 피부 상태 파악 능력이 있는가?					
	4. 금속 액세서리는 제거 되었는가?					
	5. 피부미용기기 상태 파악 및 관리 능력이 있는가?					

평가일		평가자	
실습자명		고객명	

PART 4

NCS기반 몸매균형관리학

신체피부미용 후면관리하기

4-1 신체 후면관리

학습목표

1. 신체 후면 피부유형에 맞는 제품을 선택할 수 있다.
2. 신체 후면 상태를 파악, 목적에 적합한 매뉴얼테크닉을 할 수 있다.
3. 시간, 속도, 리듬, 밀착, 세기를 고려하여 매뉴얼테크닉을 할 수 있다.

1. 신체 후면관리 이해

신체 후면(등)의 피부를 파악, 유・수분의 밸런스를 높이고 매뉴얼테크닉 및 기기와 도구를 활용하여 정신적・신체적 스트레스를 감소시켜 신진 내사를 촉진하고 뭉친 근육을 이완시켜 주는 관리이다.

2. 신체 후면관리 목적

대부분 후천적 생활 습관에 의하여 형성된 잘못된 몸매의 균형을 잡아 주고 중추 신경과 자율 신경의 밸런스를 맞춰준다.

3. 신체 후면관리 효과

① 피부에 보습효과로 탄력이 준다.
② 피지분비가 원활하여 윤기가 있다.
③ 몸매 균형을 잡아 준다.
④ 근육 속의 젖산과 노폐물이 제거 된다.
⑤ 신진대사가 원활하다.

4. 피부미용기기 활용

(1) G5

물리적 진동 자극으로 혈액 순환 촉진과 신진대사 촉진, 뭉친 근육 이완에 사용된다.

(2) 고주파

심부열을 발생하게 하여 세포재생, 피부에 영양물질 흡수, 근육 이완, 지방 분해, 신진 대사 촉진에 사용된다.

(3) 초음파

음파 에너지로 미세 진동을 일으켜 영양물질 흡수와 세포 활성, 노폐물 제거에 도움이 된다.

(4) 저주파

바쁜 현대인들에게 필요로 되는 근육을 직접적으로 운동(전기 자극)시켜 신진 대사와 세포 활성화에 작용, 셀룰라이트 및 탄력 강화에 도움 된다.

(5) 흡입기

압력으로 흡입과 배출을 하는 미용 기구로 노폐물 제거, 혈액 순환, 림프 순환에 도움을 준다.

(6) 중 · 저주파

몸매에 사용하는 미세 전류 미용기기로써 주로 지방 분해, 영양물질 침투에 사용 된다.

5. 신체후면 척추 구조

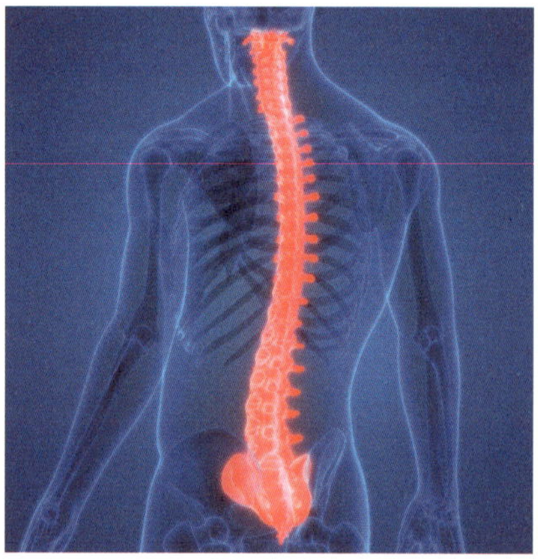

[그림 4-1] 해부학적 척추 구조

6. 신체 후면 근육

1) 척추 세움근(척추 기립근, Erector Spinae Group)

척추를 세워주는 근육으로 가시근, 가장긴근, 엉덩이 갈비근으로 나눔

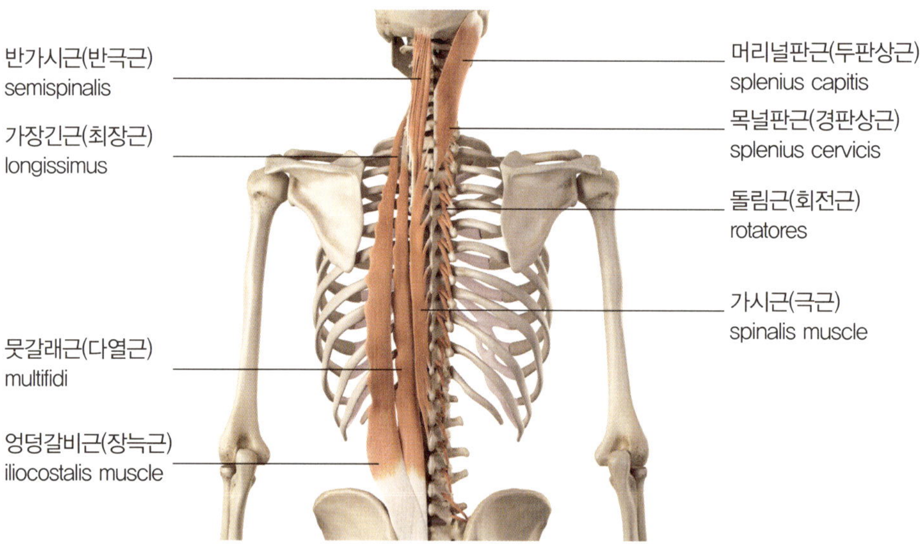

[그림 4-2] 등근육 깊은층

2) 등세모근(승모근, Trapezius)

등세모근 상부(Upper), 중부(Middle), 하부(Lower)로 나뉨

3) 넓은 등근(광배근)

등의 가장 넓은 부위이고 강하게 힘을 주어야 할 때에 내전과 내회전을 하는 근육

4) 어깨 올림근(견갑거근, Levator scapular)

어깨를 위로 올려 주는 근육

5) 마름근(능형근, Rhomboides)

어깨뼈를 몸의 중심축 방향으로 모아 주는 근육

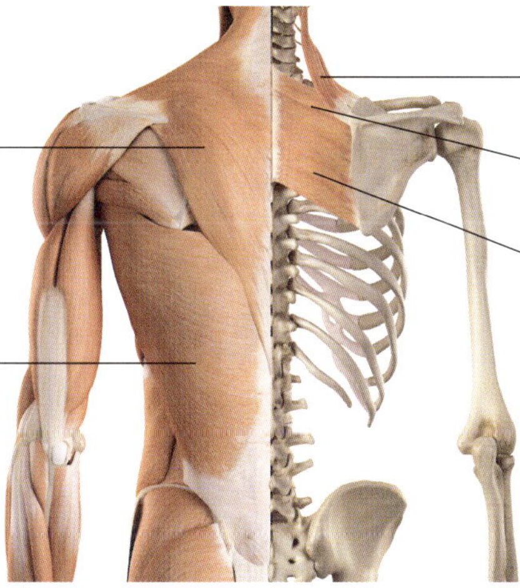

[그림 4-3] 등근육 얕은층

6) 어깨 밑근(견갑하근, Subscapularis)

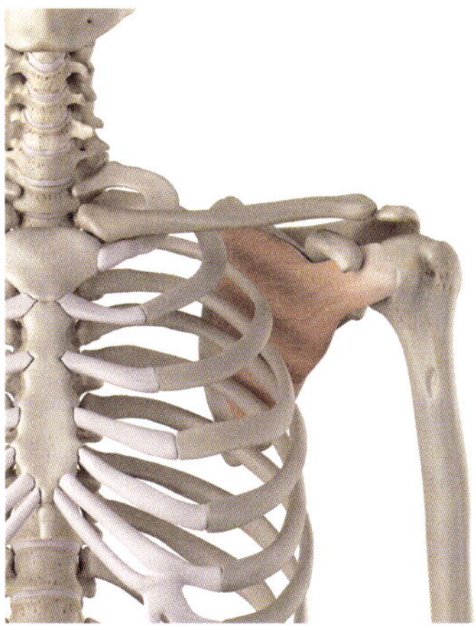

[그림 4-4] 위팔을 내회전하는 근육

7) 가시 위근(극상근, Supraspinatus)

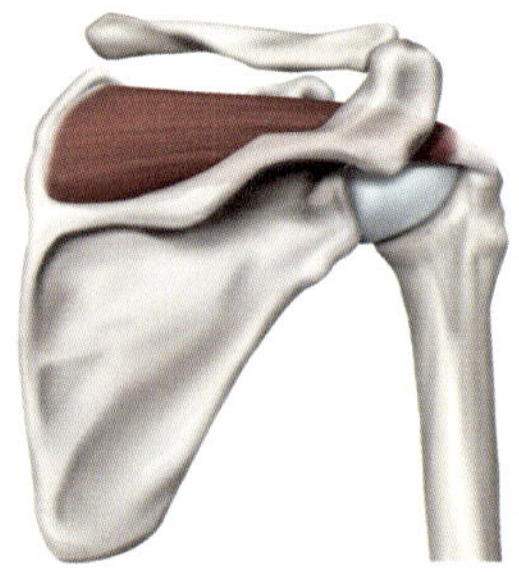

팔을 옆으로 들어올리는 근육

[그림 4-5] 어깨 밑근, 가시 위근의 움직

8) 가시 아래근(극하근, Infraspinatus)

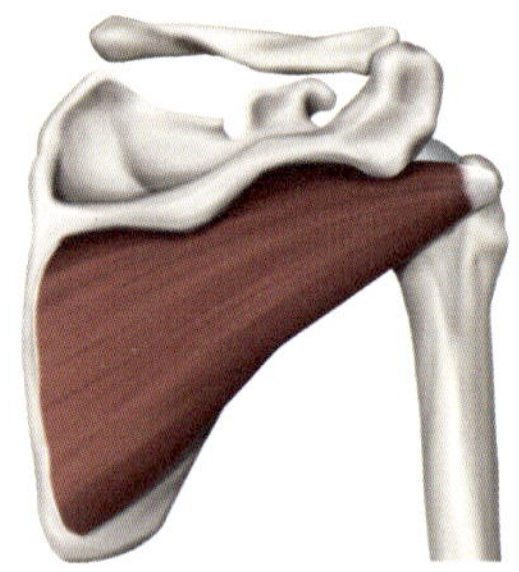

[그림 4-6] 팔의 외회전하는 근육

9) 작은원근(소원근, Teres Minor)

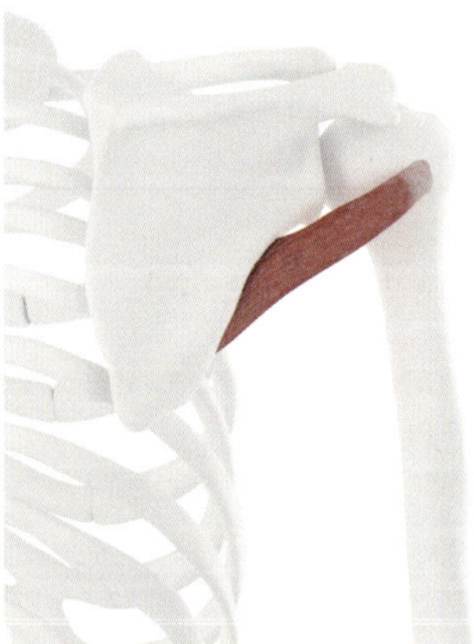

어깨관절을 외회전하는 근육

[그림 4-7] 가시 아래근, 작은원근의 움직임

10) 큰원근(대원근, Teres Major)

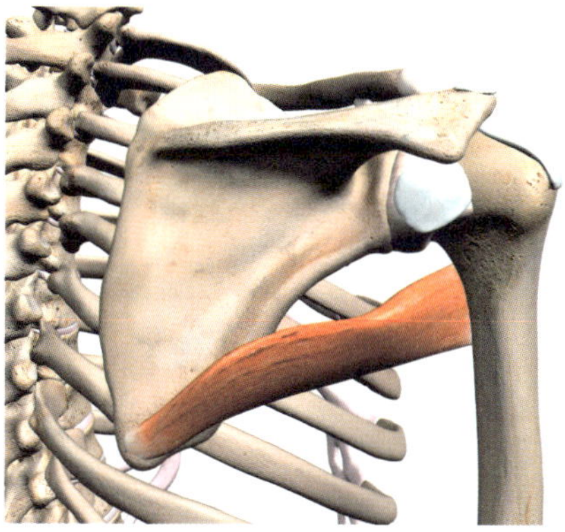

어깨의 내회전하는 근육

[그림 4-8] 큰원근(대원근)의 움직임

11) 허리 네모근(요방형근, Quadratus Lumborum)

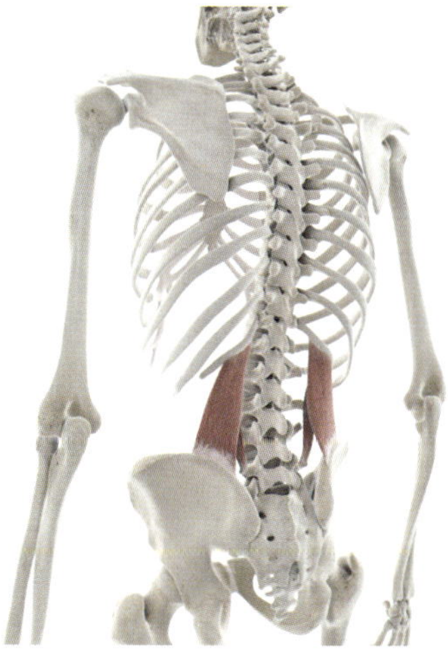

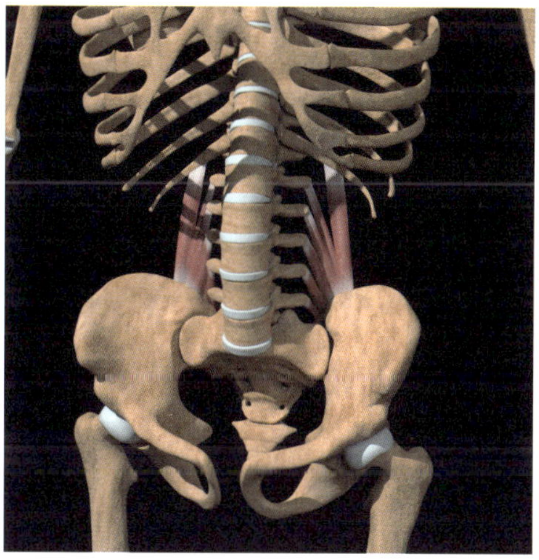

허리를 받쳐 주는 근육으로 갈비뼈에서 엉덩뼈까지 연결

[그림 4-9] 허리 네모근의 움직임

7. 수행 순서

① 고객을 베드 위에 눕히고 머리를 터번으로 정리한다.

② 1차 클렌징 후 피부상태 분석한다.

③ 피부 분석표 작성한다.

④ 2차 딥클렌징한다.

⑤ 매뉴얼테크닉(금기 사항 체크, 금속 액세서리 체크, 용량 체크 등)

- 매뉴얼테크닉 시 도구 및 기기 사용 가능

⑥ 온습포로 정리

⑦ 토너로 마무리

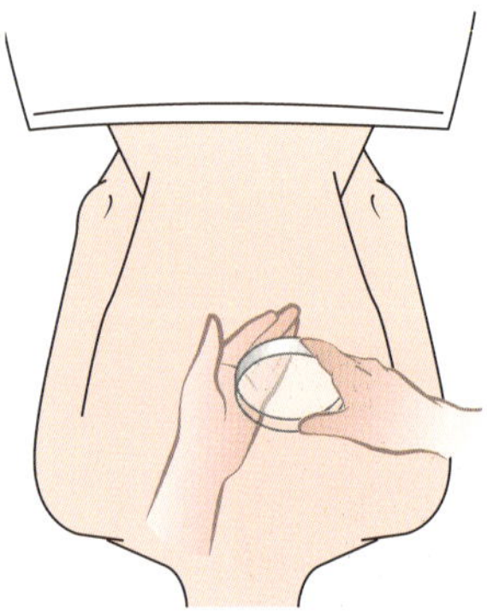

(1) 오일(크림)로 신체후면 전체를 도포한다.

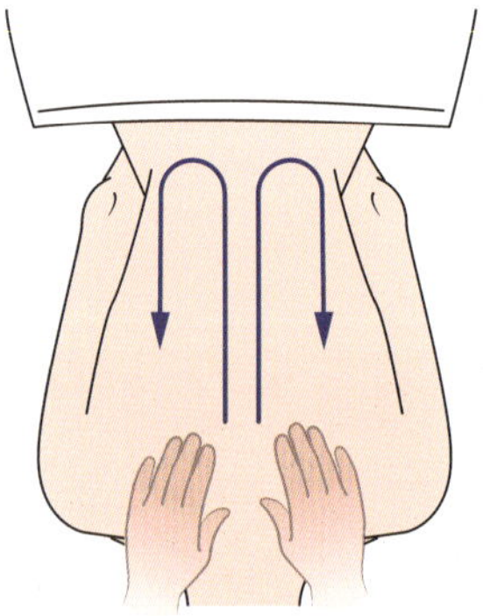

(2) 손바닥으로 신체후면 부위 전체를 쓸어서 펴바르기(쓰다듬기)

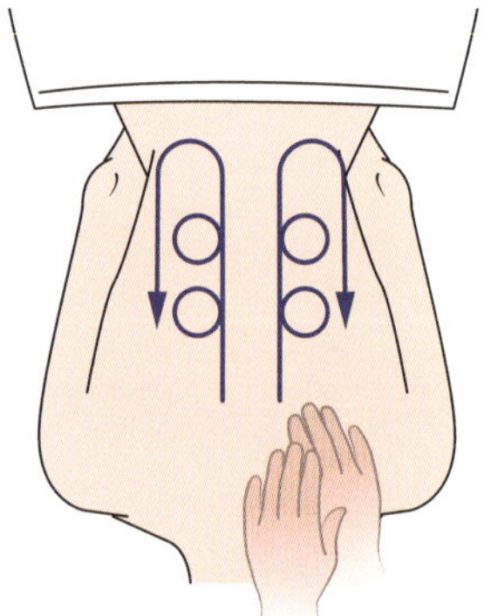

(3) 손을 포개 작은 원을 그리면서 척추기립근 전체를 쓸어서 펴바르기(쓰다듬기)

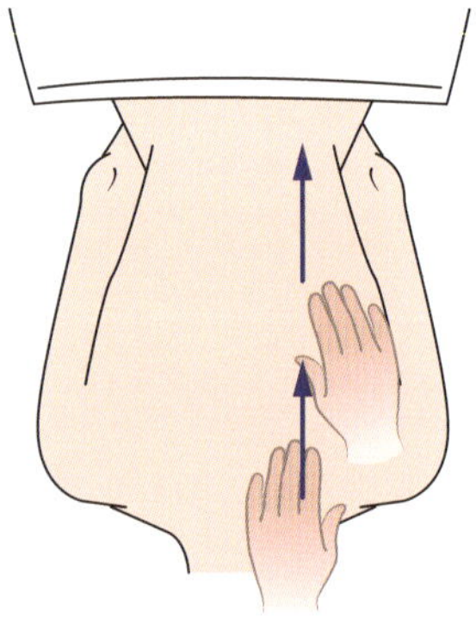

(4) 양손을 엇갈리며 척추 기립근 좌우측을 밀착하여 펴바르기(문지르기)

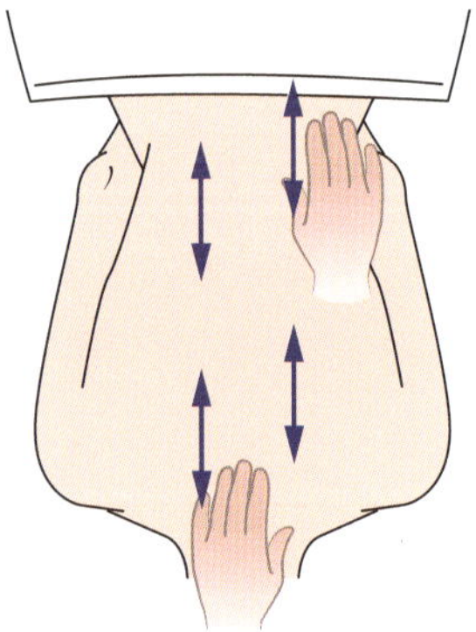

(5) 손바닥을 지그재그로 엇갈리며 척추기립근을 밀착하여 펴바르기(문지르기)

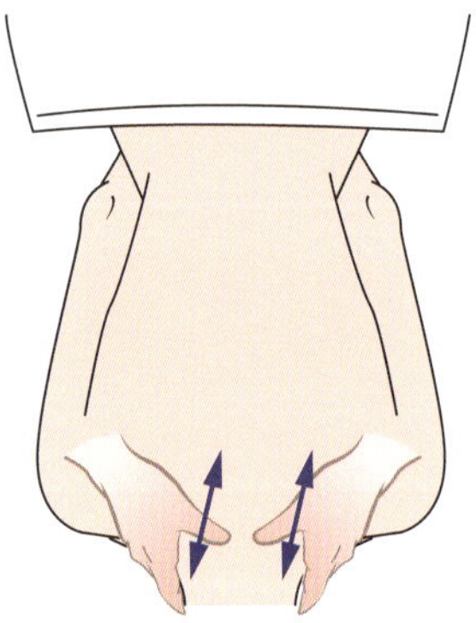

(6) 어깨와 뒤 목 부위를 집중적으로 손바닥으로 밀착 펴바르기(문지르기)

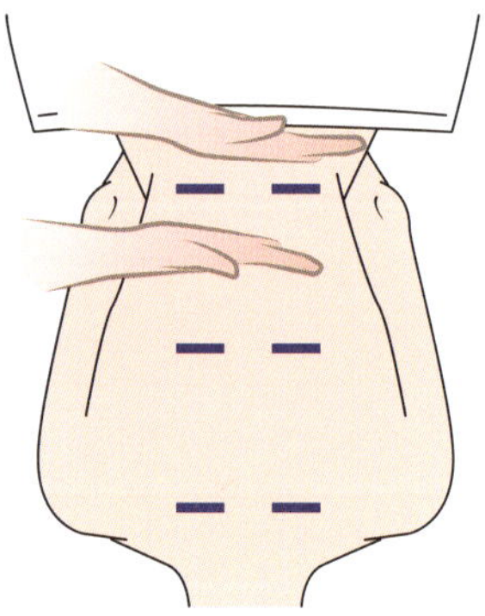

(7) 손바닥 세워 가볍게 등 전체를 토닥토닥 펴바르기(두드리기)

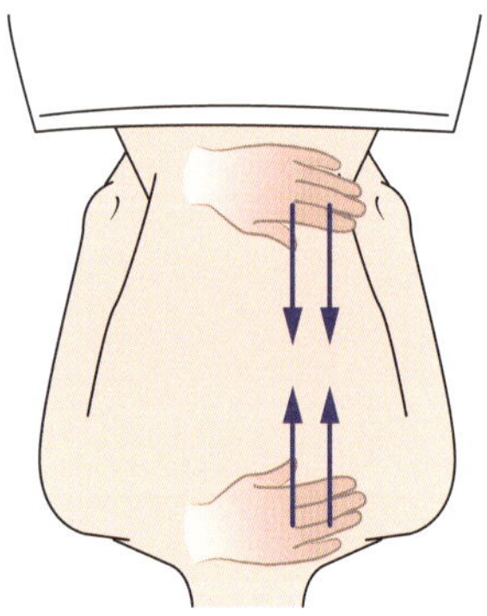

(8) 등(좌우측)을 손바닥으로 위아래 어루만져서 펴바르기(반죽하기)

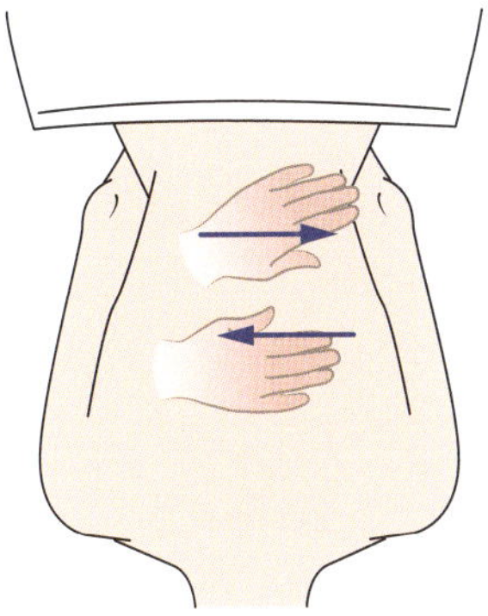

(9) 옆구리(좌우측)를 양손으로 어루만져 펴바르기(반죽하기)

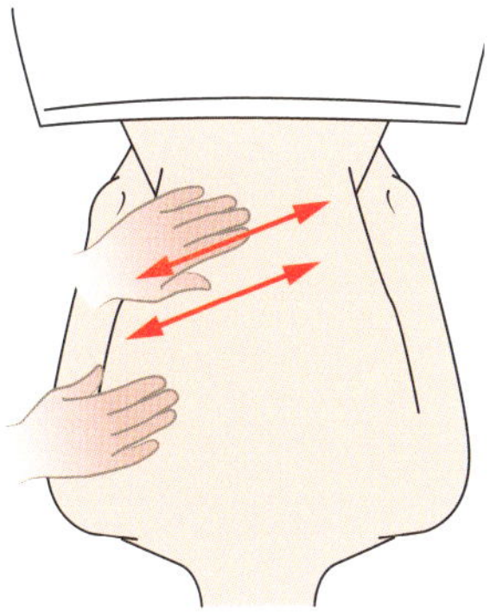

(10) 양 손바닥으로 허리부위를 어루만져 펴바르기(반죽하기)

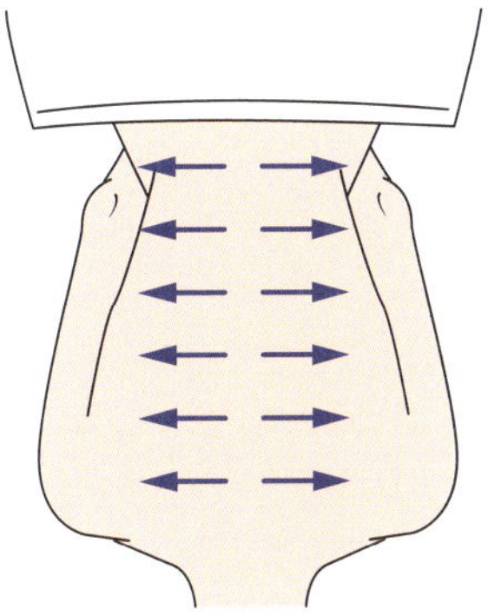

(11) 손 전체를 이용해 양옆 옆구리 선까지 촘촘히 쓸어내린다.

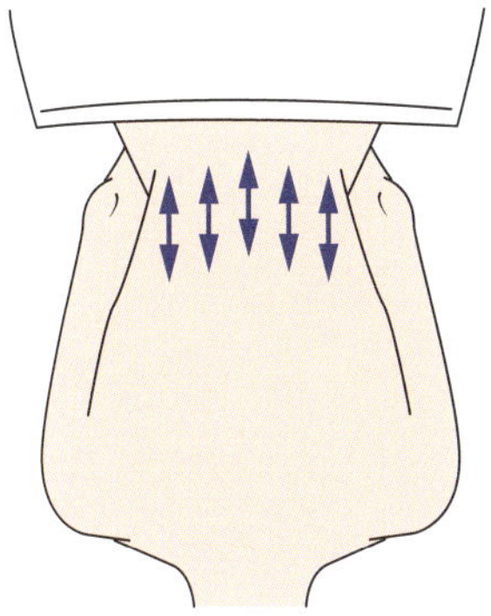

(12) 수근을 이용해 밀착하여 펴바르기(문지르기)

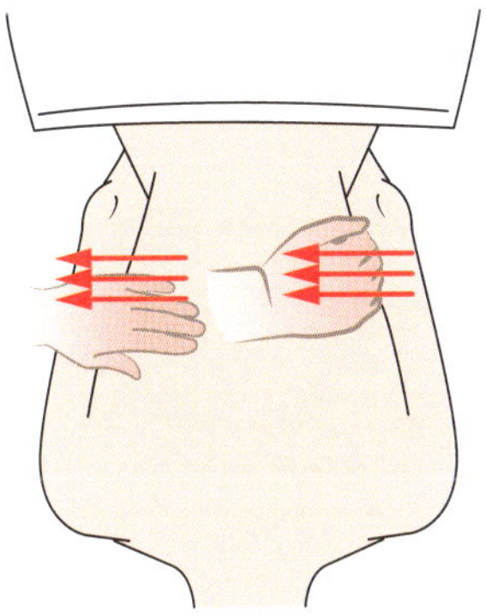

(13) 양 손바닥으로 측면(복횡근, 복사근)을 척추쪽으로 쓸어 올린다

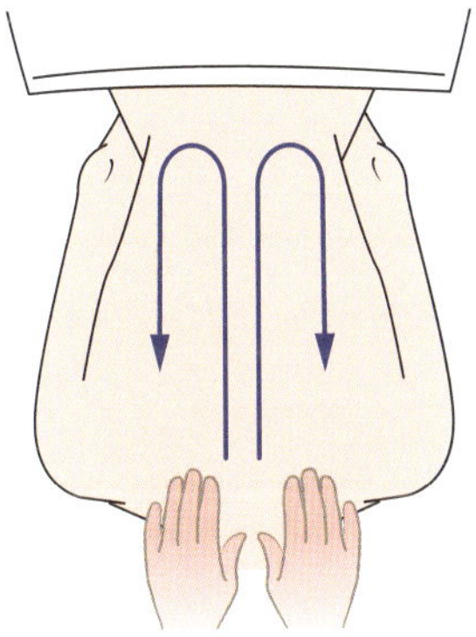

(14) 손바닥 전체로 쓸어서 펴바르기(쓰다듬기)

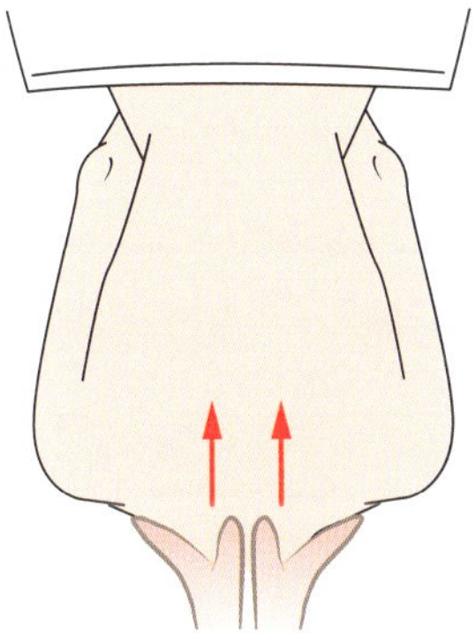

(15) 양 엄지로 교대로 밀착하여 펴바르기(문지르기)

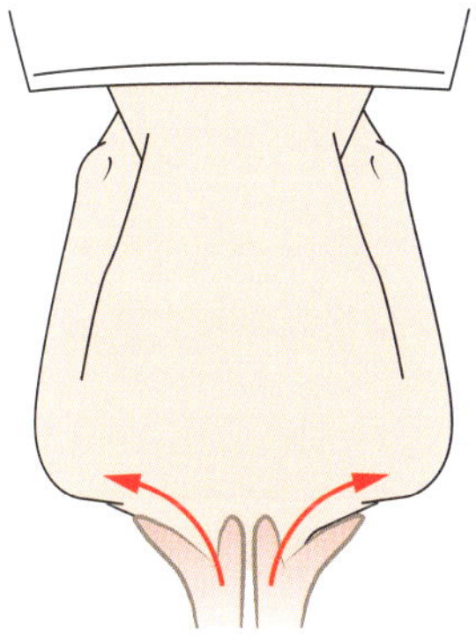

(16) 후경부위부터 승모근까지 밀착하여 펴바르기(문지르기)

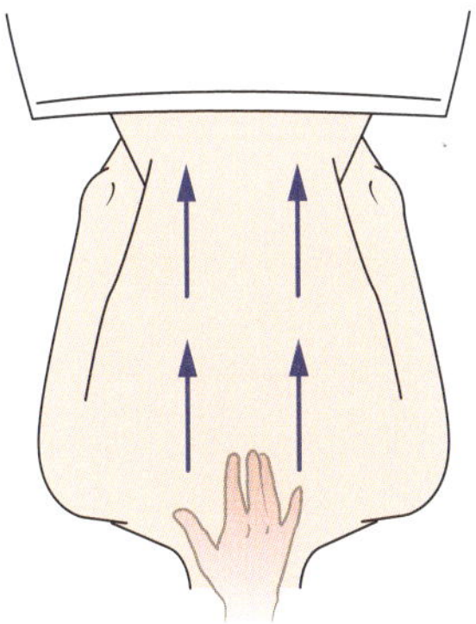

(17) 손바닥(컵모양)에 각을 세워서 가볍게 전체를 토닥토닥 펴바르기(두드리기)

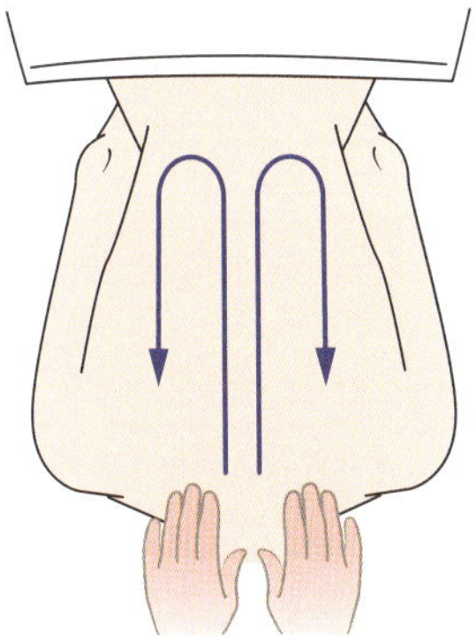

(18) 손바닥 전체로 쓸어서 펴바르기(쓰다듬기)

4-2 둔부관리

학습목표

1. 둔부 상태를 파악할 수 있다
2. 둔부상태와 피부유형에 적합한 제품을 선택할 수 있다.
3. 매뉴얼테크닉을 둔부관리 목적에 맞게 적용 할 수 있다.
4. 메뉴얼테크닉을 시간, 속도, 리듬, 밀착, 세기를 고려하여 구사할 수 있다.

1. 둔부관리의 이해

둔부는 몸의 중심에 있고 허리, 넓적다리, 허벅다리를 의미한다. 엉덩이 근육은 골반을 세우고 받쳐 주며 움직일 때 엉덩이 근육을 움직여서 신진대사를 활성화하여서 에너지를 만든다. 특히 여성들에게는 산후 처짐으로 노화가 나타날 수 있고 다리와 허리 사이 위치에 있어 피로해지기 쉽다. 피부유형에 따라 제품을 선택, 관리 목적에 맞는 매뉴얼테크닉과 피부미용기기를 활용하여 근육을 강화시켜 줄 수 있는 관리이다.

2. 둔부관리의 목적

① 후천적 생활 습관에서 오는 둔부의 불균형을 잡아 준다.
② 피부에 보습 효과로 탄력 증진
③ 근육의 피로를 풀어 준다.
④ 처짐을 방지한다.
⑤ 둔부의 혈액 순환을 증가시켜 염증 예방과 색소 침착을 예방한다.

3. 둔부의 부적용 대상

① 임산부
② 염증성 열이 있는 사람
③ 암 환자나 전염성 질환이 있는 사람
④ 접촉성 피부 질환을 앓고 있는 사람

4. 둔부의 골반 구조

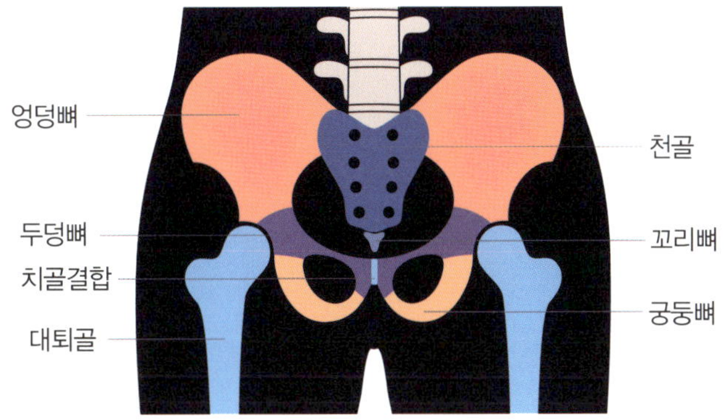

[그림 4-10] 골반

5. 둔부 근육

1) 큰볼기근(대둔근, Gluteus Maximus)

몸이 움직이도록 걷고 뛰고 하는 작용이 가장 뛰어나고 두껍고 큰 근육

2) 중간 볼기근(중둔근, Gluteus Medius)

엉덩관절 외전을 하는 근육

3) 작은볼기근(소둔근, Gluteus Minimus)

골반의 수평을 잡아 주고 중간 볼기근에 덮여 있는 근육

4) 궁둥 구멍근(이상근, Piriformis)

넓적다리를 가쪽으로 돌리게 하고, 다리를 굽힐 때 넓적다리를 벌리게 해 주는 근육

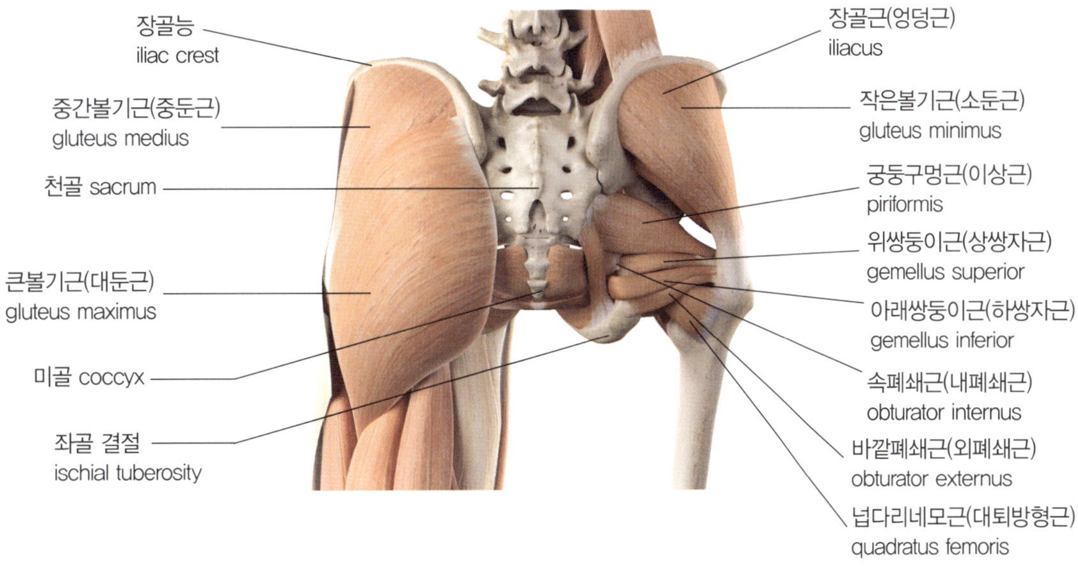

[그림 4-11] 둔부의 근

6. 둔부관리 수행 순서

① 고객을 베드에 눕히고, 머리를 터번으로 정리 한다.

② 1차 클렌징 후 피부상태를 분석 한다.

③ 2차 딥클렌징 한다.

④ 매뉴얼테크닉(금기 사항 체크, 금속 액세서리 체크, 용량 체크 등)

- 매뉴얼테크닉 시 도구 및 기기 사용 가능

⑤ 온습포(냉습포)로 정리

⑥ 토너로 마무리

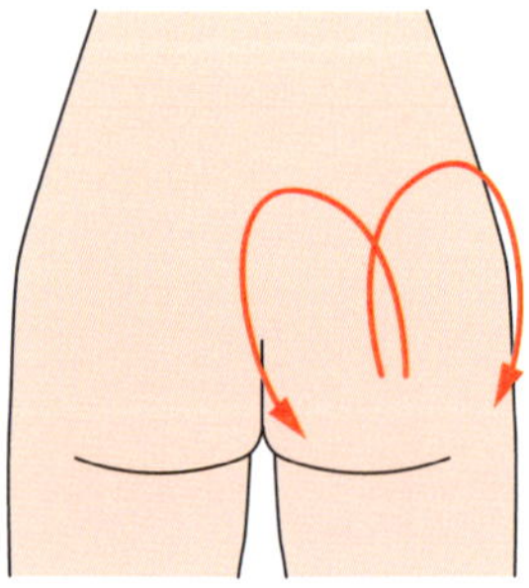

(1) 오일(크림)을 둔부에 가볍게 도포

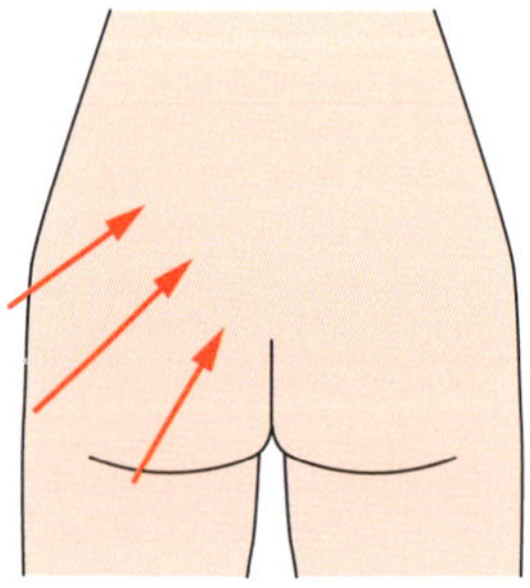

(2) 두 손바닥을 포개고 둔부 아래서 위로 밀착하여 펴바르기(문지르기)

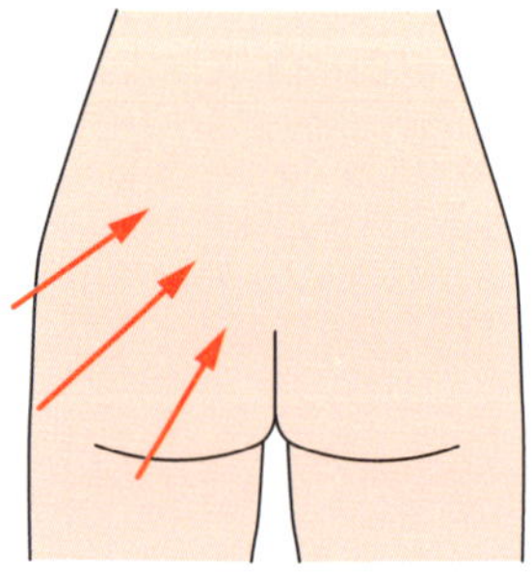

(3) 가볍게 주먹을 쥐고 둔부 아래에서 위로 밀착하여 펴바르기(문지르기)

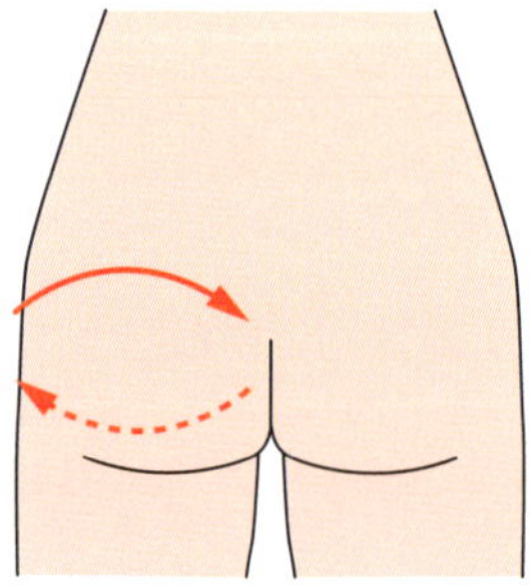

(4) 가볍게 주먹을 쥐고 장골 능선을 따라 천골 쪽으로 반원을 그리듯 밀착하여 펴바르기(문지르기)

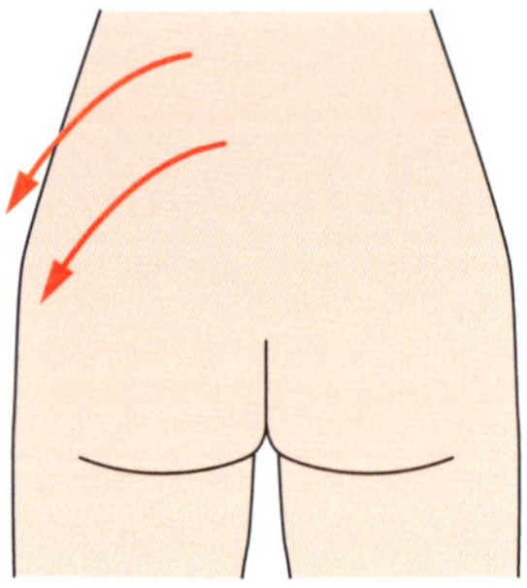

(5) 가볍게 주먹을 쥐고 천골에서 장골 능선을 따라 안 → 밖으로 반원을 그리듯이 밀착하여 펴바르기(문지르기)

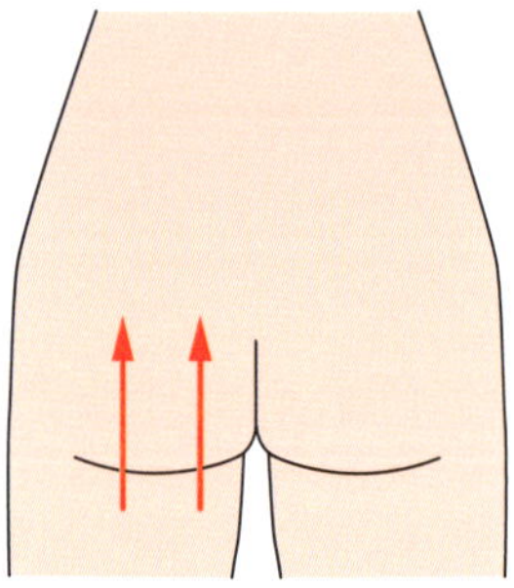

(6) 둔부아래에서 위로 밀착하여 펴바르기(문지르기)

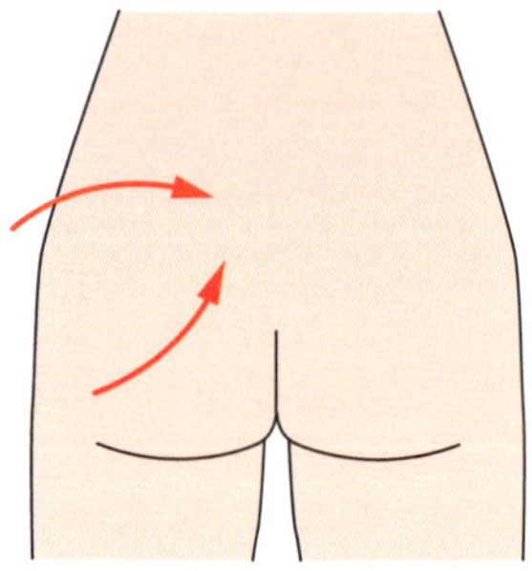

(7) 둔부위 중둔근을 양 손바닥을 이용

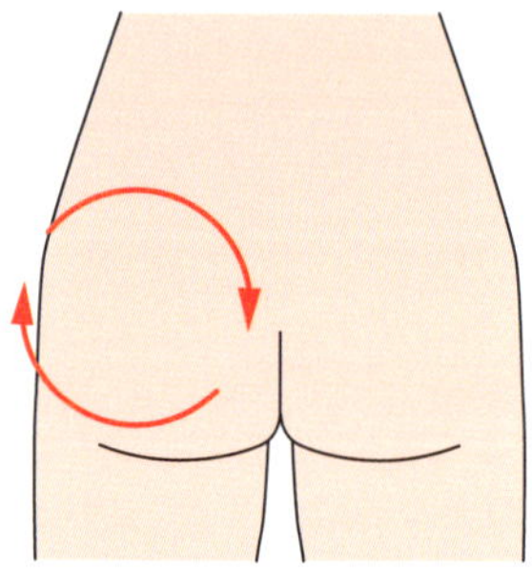

(8) 둔부 전체를 양 손바닥을 이용하여 밖→안, 밖→안으로 밀착하여 펴바르기(문지르기)

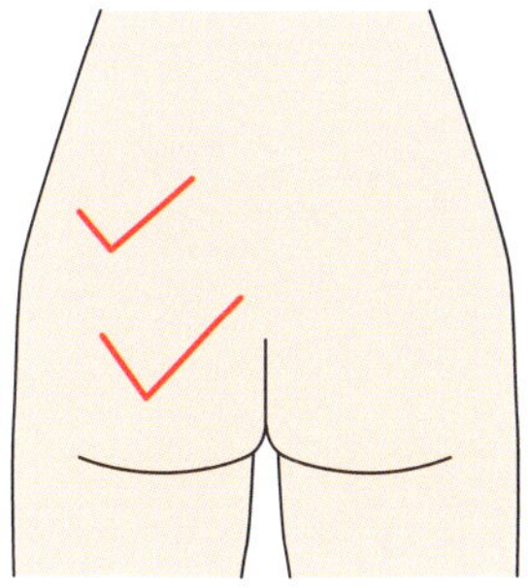

(9) 양손바닥을 이용하여 토닥토닥 펴바르기(두드리기)

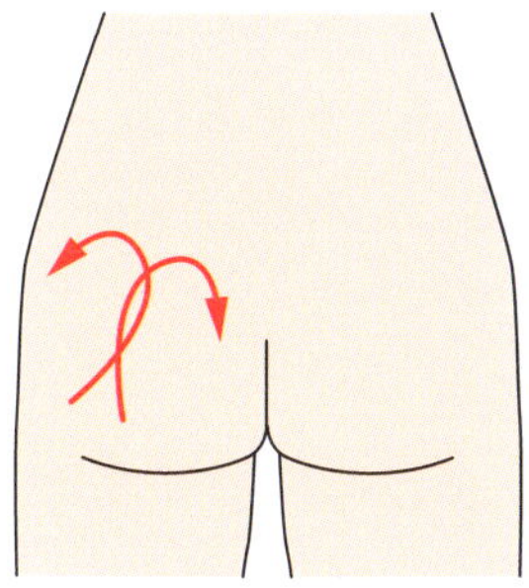

(10) 둔부 전체를 사선으로 양 손 모지를 이용, 밀착하여 펴바르기(문지르기)

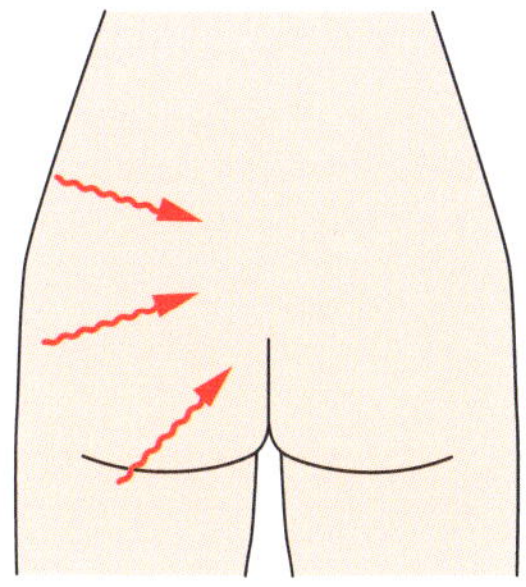

(11) 둔부를 양 손바닥으로 3 등분하여 떨며 펴바르기 (흔들어 주기)

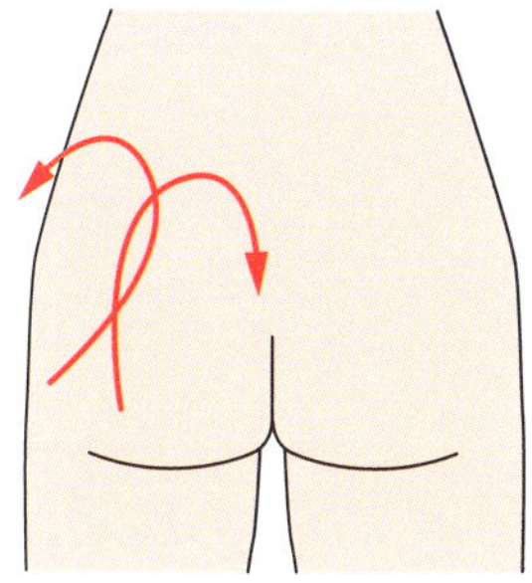

(12) 둔부 전체를 사선으로 양 손 모지를 이용하여 쓸어서 펴바르기 (쓰다듬기)

TIP 둔부의 경우 잦은 마찰이 일어나는 부위로 피부색이 짙다(둔부 아래부위는 피부층이 얇고 피지선이 적어서 쉬이 건조해지고 색소침착이 일어나 보습, 보호관리에 신경쓰고 방석사용을 권장한다.

4-3 발, 다리 후면관리

학습목표

1. 고객의 발, 다리 후면 피부를 파악하여 금기해야 할 관리를 피할 수 있다.
2. 발과 다리 후면 피부유형에 적합한 제품을 선택할 수 있다.
3. 발과 다리의 후면의 상태를 파악하여 목적에 맞는 매뉴얼테크닉을 할 수 있다.
4. 매뉴얼매크닉을 시간, 속도, 리듬, 밀착, 세기를 고려하여 구사할 수 있다.

1. 발, 다리관리 이해

신체에서 가장 노폐물이 잘 쌓이고 피로해 지는 부위이고, 제2의 심장이라고 불릴 정도로 중요한 역할을 한다. 발과 다리의 밸런스를 파악하여 매뉴얼테크닉이나 도구를 이용해 회복시킨다.

2. 발, 다리관리의 부적용 대상

① 정맥류가 있는 사람
② 염증성 열 동반 하는 사람
③ 염증성 부종이 심한 사람
④ 뼈가 약한 사람
⑤ 암 환자나 전염성 질환 환자
⑥ 수술 직후의 환자
⑦ 접촉성 피부 질환 사람

3. 발, 다리후면 근육

다리 근육은 인체에서 가장 강력하고 큰 근육으로 체중을 지탱하고 보행할 때 다리를 움직이는 작용

1) 넙다리 네갈래근(대퇴 사두근, Quadriceps femoris)

넓적다리(대퇴)의 앞부분에 있는 네 개의 큰 근육으로 무릎을 펴는 작용

① 넙다리 곧은근(대퇴직근, Rectus femoris)

② 가쪽 넓은근(외측광근, Vastus Lateralis)

③ 안쪽 넓은근(내측광근, Vastus Medialis)

④ 중간 넓은근(중간광근, Vastus Intermedialis)

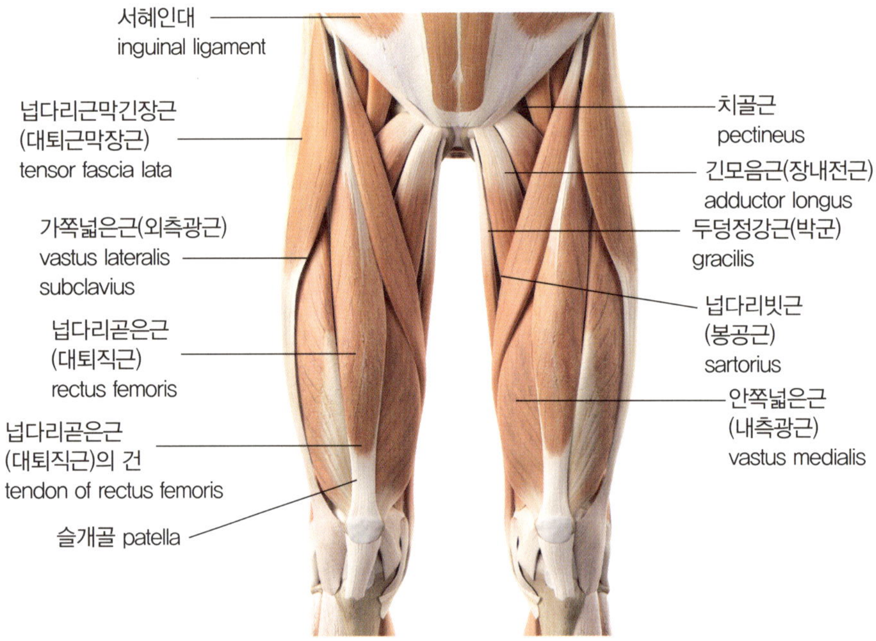

[그림 4-12]대퇴의 근

2) 넙다리 빗근(봉공근, Sartorius)

인체에서 가장 긴 근육, 엉덩 관절과 무릎 관절에 작용해 넓적다리를 굽히고 가쪽으로 회전시키며 다리를 굽히고 안쪽으로 회전시키는 작용

3) 두덩근(치골근, Pectineal muscle)

치골에서 넓적다리뼈까지 연결되는 근육으로 넓적다리를 모은다.

4) 두덩 정강근(박근, Gracilis muscle)

치골에서 정강뼈까지 연결되는 관절 근육으로 넓적다리를 모은다.

5)긴 모음근(장내 전근, Long adductor muscle)

넓적다리를 모으는 근육

6)짧은 모음근(단내 전근, Short adductor muscle)

넓적다리를 모으는 근육

7)큰 모음근(대내 전근, Great adductor muscle)

넓적다리를 펴고 가쪽으로 회전

4. 발, 다리 후면 근육

1) 넙다리 두 갈래근(대퇴 이두근, Biceps Femoris)

긴근육과 짧은근육으로 되어 있다.

2) 반힘줄 모양근(반건양근, Semitendinosus)

엉덩관절 신전, 무릎관절 굴곡을 하는 근육

3) 반막 모양근(반막양근, Semimembranosus)

엉덩 관절 신전, 무릎 관절 굴곡을 하는 근육

4) 넙다리 뒤근육(슬괵근, Hamstring)

햄스트링이라 부르며 젖산 축적 피로, 경련이 자주 일어나는 근육

5) 오금근(슬와근, Popliteus)

후면 무릎 깊숙이 자리잡은 삼각형 모양의 근육

6) 장딴지근(비복근, Gastrocnemius)

아킬레스건으로 이어지는 종아리 가장 표층에 있는 근육

7) 가자미근(넙치근, Soleus)

아킬레스건으로 이어지는 하퇴 심장이라 불리는 근육

8) 발바닥근(족저근, Plantaris)

아킬레스건을 이루는 길고 얇은 근육

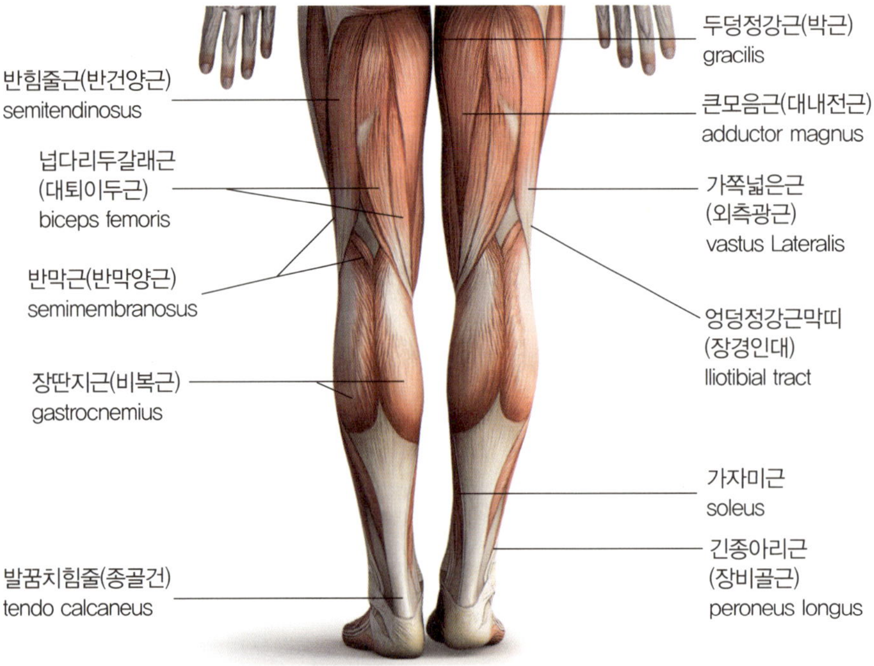

[그림 4-13]전신의 근육(후면)

5. 발, 다리 후면관리 수행 순서

① 고객을 베드 위에 눕히고, 터번으로 머리를 정리한다.

② 1차 클렌징 후 피부상태 분석한다.

③ 2차 클렌징

④ 매뉴얼테크닉(금기 사항 체크, 금속 액세서리 체크, 용량 체크 등)

- 매뉴얼테크닉 시 도구 및 기기 사용 가능

⑤ 온습포(냉습포)로 정리

⑥ 토너로 마무리

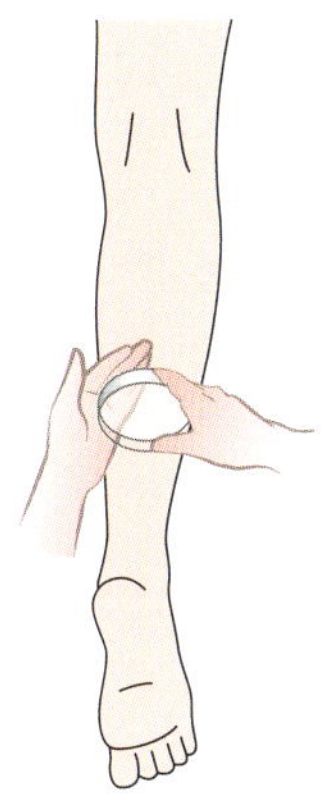

(1) 오일(크림)을 다리 후면 전체에 도포

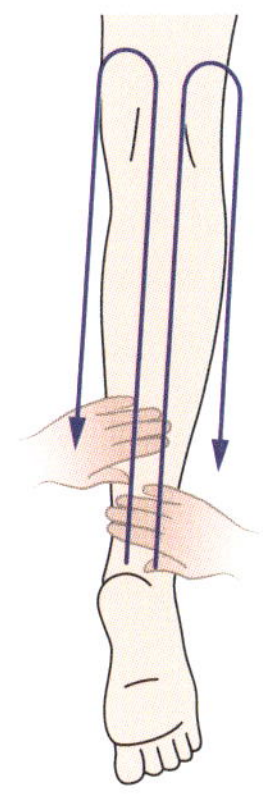

(2) 발목에서 둔부까지 쓸어서 펴바르기(쓰다듬기) 3회

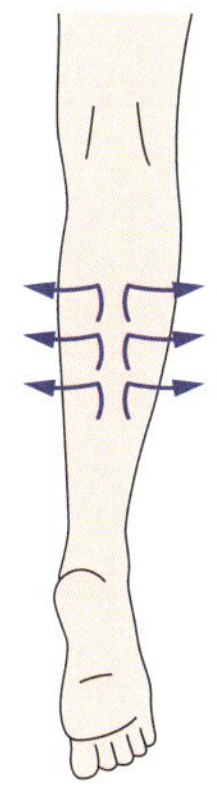

(3) 삼등분 하여 발목에서 슬와까지 모지 옆면으로 각 세워 관리한다.

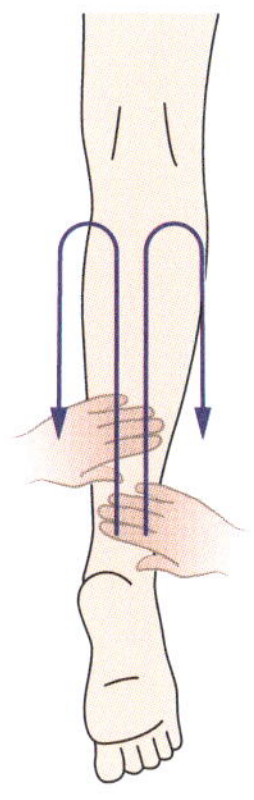

(4) 발목에서 슬와근까지 손바닥으로 밀착하여 펴바르기(문지르기)

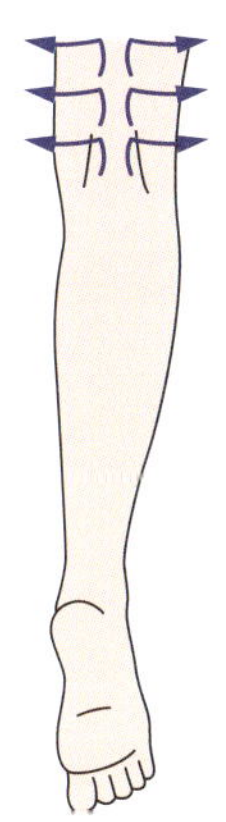

(5) 삼등분하여 슬와에서 서혜부까지 모지 옆면으로 각 세워 관리한다.

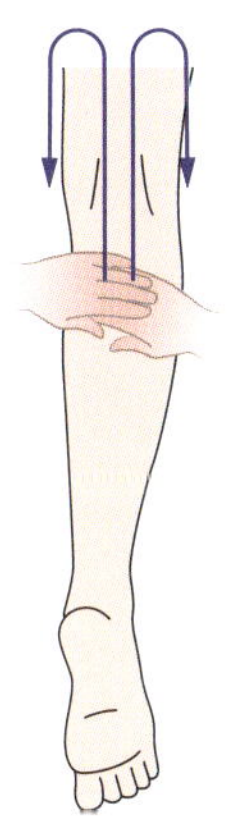

(6) 슬와에서 서혜부까지 손비닥으로 밀착하여 펴비르기(문지르기)

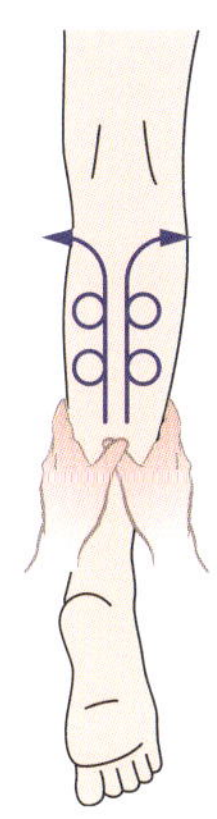

(7) 발목에서 슬와까지 엄지로 작은 원을 그리며 밀착해 펴바르기(문지르기)

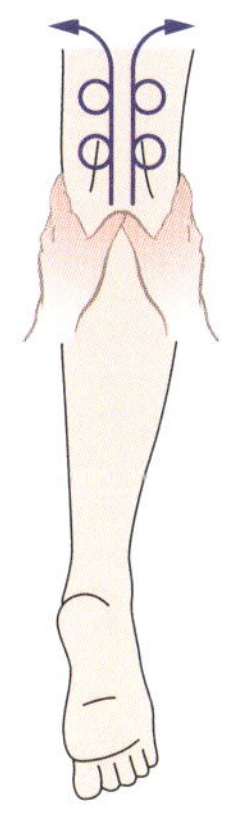

(8) 슬와에서 둔부까지 엄지로 중간 원을 그리며 밀착해 펴바르기(문지르기)

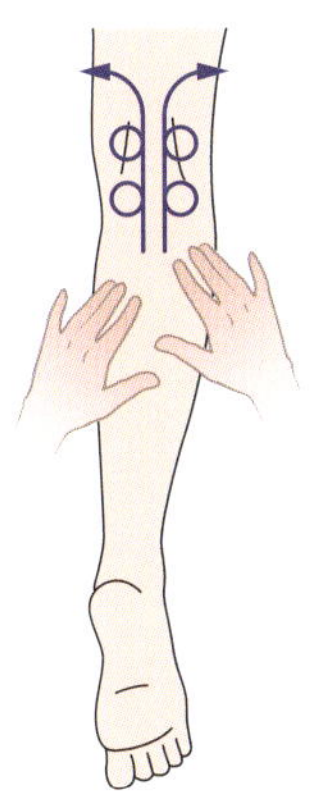

(9) 발목에서 둔부까지 손가락 전체로 큰 원을 그리며 밀착하여 펴바르기(문지르기)

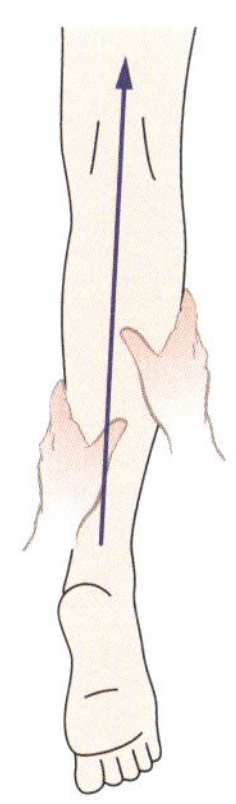

(10) 발목에서 둔부까지 손바닥 전체로 지그재그로 퍼올리듯이 밀착하여 펴바르기(문지르기)

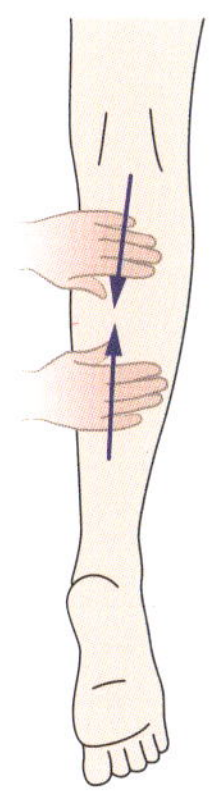

(11) 양손을 위, 아래에서 모아주며 종아리를 어루만지며 펴바르기(반죽하기)

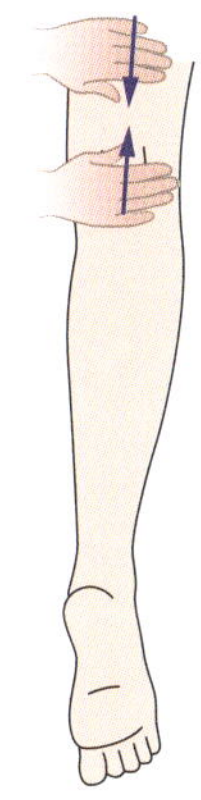

(12) 양손을 허벅지를 어루만져 펴바르기(반죽하기)

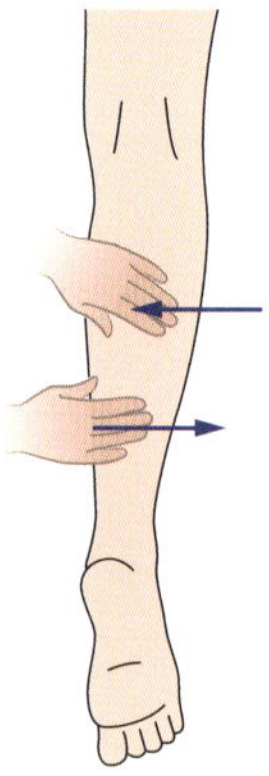

(13) 종아리를 반대방향에서 밀착하여 어루만져 펴바르기(반죽하기)

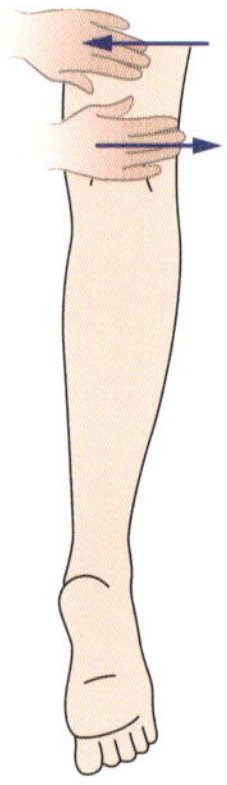

(14) 허벅지를 반대방향에서 밀착하여 어루만져 펴바르기(반죽하기)

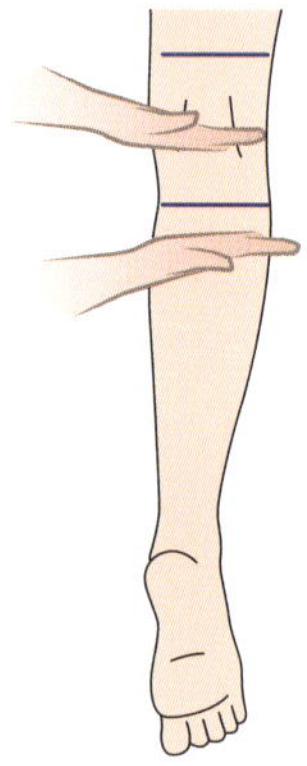

(15) 손바닥을 세워 토닥토닥 펴바르기(두드리기), 허벅지 → 종아리까지

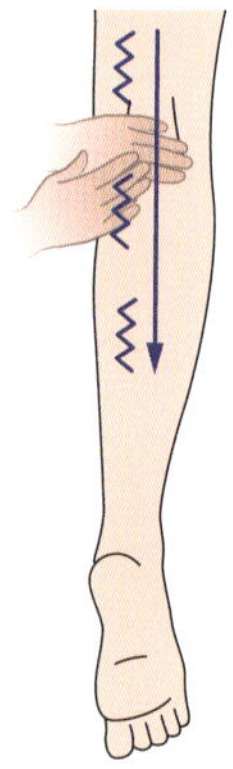

(16) 손바닥을 겹쳐 허벅지에 밀착하여 떨며 펴바르기(흔들어주기) 허벅지 → 종아리까지

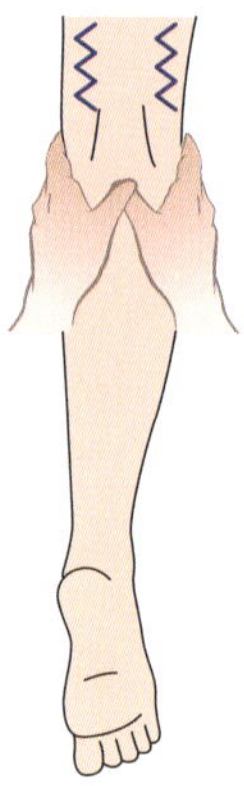

(17) 다리의 옆면을 손바닥으로 밀착시켜 떨며 펴바르기(흔들어주기) 허벅지 → 종아리까지

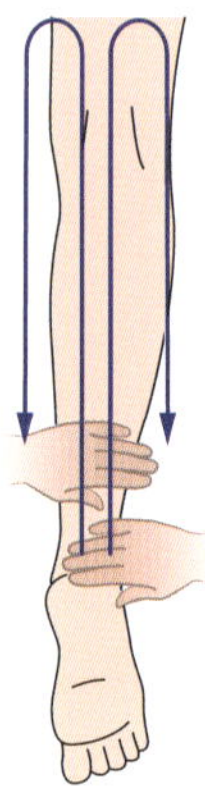

(18) 전체를 쓸어서 펴바르기(쓰다듬기)

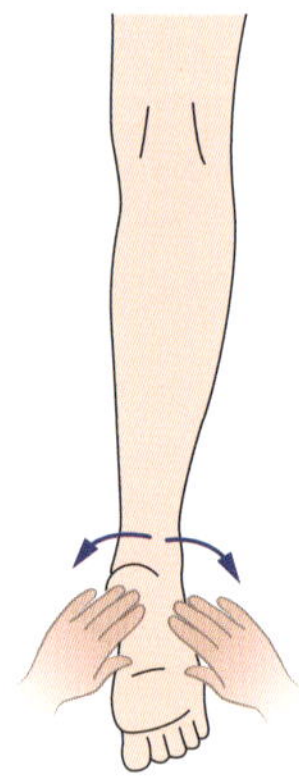

(19) 손가락으로 발목주위를 집중적으로 쓸어서 펴바르기(쓰다듬기)

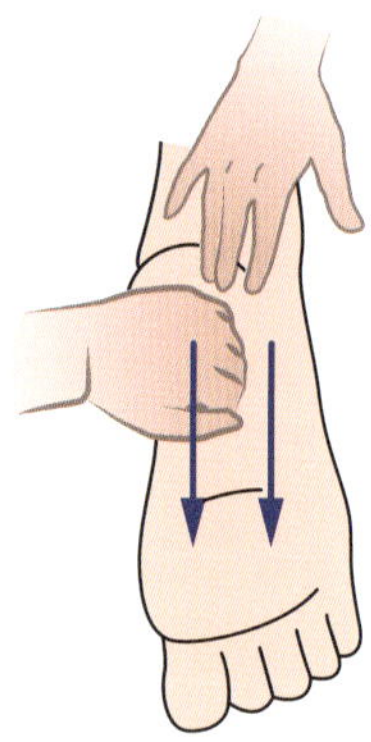

(20) 손바닥(수근)을 밀착하여 펴바르기(문지르기)

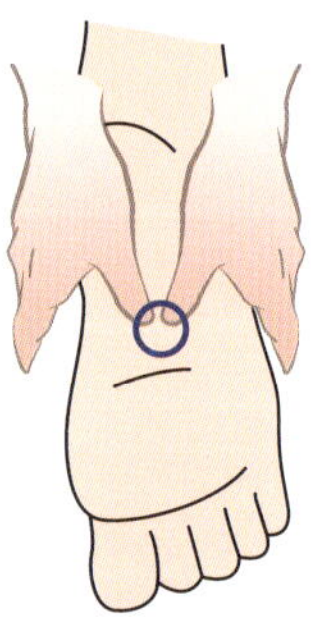

(21) 엄지를 포개어 용천혈 자리를 누른다.

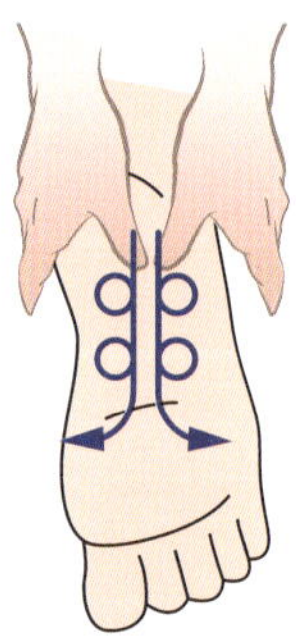

(22) 엄지로 발바닥에 작은 원을 그리며 밀착하여 펴바르기(문지르기)

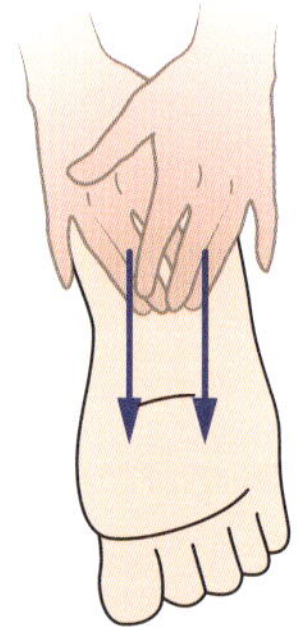

(23) 천천히 양손을 번갈아 가며 펴바르기(쓰다듬기) 마무리

4-4 학습 평가 방법

분류번호 : 1201010242_20v6
능력단위 명칭 : 신체 피부미용 후면관리

1. 학습 방법 및 평가 방법

① 신체 후면 상태를 파악, 관리를 하기 전 부적용 대상자 시 피해야 할 관리 사항들을 학습시키고 평가 한다.

② 신체피부미용 후면 부위(신체 후면, 둔부, 팔, 다리 후면) 관리 시 주변 환경의 위생 상태와 청결함이 유지 관리 될 수 있도록 학습 시키고 평가 한다.

③ 신체피부미용 후면 부위(신체 후면, 둔부, 팔, 다리 후면)를 각각 매뉴얼테크닉 수행 시 시간, 속도, 리듬, 밀착, 강약을 적절하게 구사할 수 있도록 학습시키고 평가한다.

④ 신체피부미용 후면 부위(신체 후면, 둔부, 팔, 다리 후면)를 각각 매뉴얼테크닉 다섯 가지 동작(쓸어서 펴바르기, 밀착하여 펴바르기, 어루만져 펴바르기, 토닥토닥 펴바르기, 떨며 펴바르기)을 적절하게 관리할 수 있도록 학습 시키고 평가 한다.

⑤ 신체피부미용 후면 부위(신체 후면, 둔부, 팔, 다리 후면) 관리 시 철저한 위생의 중요성과 각 부위별 적합한 매뉴얼테크닉을 적용할 수 있도록 학습 시키고 평가한다.

⑥ 신체피부미용 후면 부위(신체 후면, 둔부, 팔, 다리 후면) 각각에 알맞은 피부미용기기 및 기구를 활용할 수 있도록 학습 시키고 평가한다.

2. 평가 준거

평가지 평가 시항

학습내용	학습목표	성취수준		
		상	중	하
신체 후면관리	- 신체 후면의 피부유형에 맞는 제품을 선택할 수 있다.			
	- 신체 후면의 상태를 파악하고 목적에 맞는 매뉴얼테크닉을 적용할 수 있다.			
	- 시간, 속도, 리듬, 밀착, 세기를 고려하여 신체후면 매뉴얼테크닉을 구사할 수 있다.			
둔부관리	- 둔부 상태를 파악할 수 있다.			
	- 둔부 상태와 피부유형에 맞는 제품을 선택할 수 있다.			
	- 둔부관리 목적에 맞는 매뉴얼테크닉을 적용할 수 있다.			
	- 시간, 속도, 리듬, 밀착, 세기를 고려하여 둔부 매뉴얼 테크닉을 구사할 수 있다.			
발, 다리 후면관리	- 고객의 발, 다리 후면 피부를 파악하여 금기해야 할 관리를 피할 수 있다.			
	- 발과 다리 후면 피부유형에 맞는 제품을 선택할 수 있다.			
	- 발과 다리의 후면 상태를 파악하고 목적에 맞는 매뉴얼테크닉을 적용할 수 있다.			
	- 시간, 속도, 리듬, 밀착, 세기를 고려하여 발, 다리매뉴얼테크닉을 구사할 수 있다.			

3. 평가 방법

평가자 체크리스트

학습내용	평가항목	성취수준		
		상	중	하
신체 후면관리	- 부위에 맞는 다섯 가지 동작 안배 능력			
	- 피부상태에 맞는 제품 선별 능력			
	- 위생 관리 능력			
둔부관리	- 부적용 대상 구분 능력			
	- 유형에 맞는 제품 선택 능력			
	- 다섯 가지 동작 안배 능력			
	- 위생적인 둔부 관리 능력			
발, 다리 후면관리	- 부적용 대상 구분 능력			
	- 유형에 맞는 제품 선택 능력			
	- 다섯 가지 동작 안배 능력			
	- 위생적인 발, 다리 관리 능력			

작업장 평가

학습내용	평가항목	성취수준		
		상	중	하
신체 후면관리	- 관리사의 복장 상태 적합성 여부			
	- 신체 후면관리에 적합한 준비사항 수행 여부			
	- 신체 후면관리 시 유의사항 준수 여부			
	- 피부유형별 제품 선택 능력			
	- 신체 후면 부위에 적합한 매뉴얼테크닉 구사			
	- 관리 시 고객에 대한 배려 여부			
둔부관리	- 관리사의 복장 상태 적합성 여부			
	- 둔부관리에 적합한 준비사항 수행 여부			
	- 둔부관리 시 유의사항 준수 여부			
	- 피부유형별 제품 선택 능력			
	- 둔부관리 부위에 적합한 매뉴얼테크닉 구사			
	- 관리 시 고객에 대한 배려 여부			
발, 다리 후면관리	- 관리사의 복장 상태 적합성 여부			
	- 발, 다리 관리에 적합한 준비사항 수행 여부			
	- 발, 다리 관리 시 유의사항 준수 여부			
	- 피부유형별 제품 선택 능력			
	- 발, 다리 관리 부위에 적합한 매뉴얼테크닉 구사			
	- 관리 시 고객에 대한 배려 여부			

분류번호 : 1201010241_20v6

능력단위명칭 : 신체 피부미용 후면관리

능력단위요소 : 1201010242_20v6.1 신체후면관리하기

영역	평가내용	평가				
		5	4	3	2	1
수행준거1.1	신체후면의 피부유형에 맞는 제품을 선택할 수 있다.					
수행준거1.2	신체후면의 상태를 파악하고 목적에 맞는 매뉴얼 테크닉을 적용 수 있다.					
수행준거1.3	시간, 속도, 리듬, 밀착, 세기를 고려하여 신체후면 매뉴얼 테크닉 을 구사할 수 있다.					
실습자 (고려사항)	1. 피부유형에 맞는 매뉴얼테크닉을 구사할 수 있는가?					
	2. 고객에게 과정 설명과 주위 환경 파악 능력이 있는가?					
	3. 부적용 피부 상태 파악 능력이 있는가?					
	4. 금속 액세서리는 제거되었는가?					
	5. 피부미용기기 상태 파악 및 관리 능력이 있는가?					

평가일		평가자	
실습자명		고객명	

분류번호 : 1201010241_20v6

능력단위명칭 : 신체 피부미용 후면관리

능력단위요소 : 1201010242_20v6.2 둔부관리하기

영역	평가내용	평가				
		5	4	3	2	1
수행준거2.1	둔부상태를 파악할 수 있다.					
수행준거2.2	둔부상태와 피부유형에 맞는 제품을 선택할 수 있다.					
수행준거2.3	둔부관리 목적에 맞는 매뉴얼테크닉을 적용할 수 있다.					
수행준거2.4	시간, 속도, 리듬, 밀착, 강약을 고려하여 둔부 매뉴얼테크닉을 구사할 수 있다.					
실습자 (고려사항)	1. 피부유형에 맞는 매뉴얼테크닉을 구사할 수 있는가?					
	2. 고객에게 과정 설명과 주위 환경 파악 능력이 있는가?					
	3. 부적용 피부 상태 파악 능력이 있는가?					
	4. 금속 액세서리는 제거되었는가?					
	5. 피부미용기기 상태 파악 및 관리 능력이 있는가?					

평가일		평가자	
실습자명		고객명	

분류번호 : 1201010241_20v6

능력단위명칭 : 신체 피부미용 후면관리

능력단위요소 : 1201010242_20v6.3 발・다리 후면 관리하기

영역	평가내용	평가				
		5	4	3	2	1
수행준거3.1	고객의 발, 다리 후면 피부를 파악하여 금기해야할 관리를 피할 수 있다.					
수행준거3.2	발과 다리 후면 피부유형에 맞는 제품을 선택할 수 있다.					
수행준거3.3	발과 다리 후면의 상태를 파악하고 목적에 맞는 매뉴얼테크닉을 적용할 수 있다.					
수행준거3.4	시간, 속도, 리듬, 밀착, 강약을 고려하여 발, 다리 매뉴얼테크닉을 구사할 수 있다.					
실습자 (고려사항)	1. 피부유형에 맞는 매뉴얼테크닉을 구사할 수 있는가?					
	2. 고객에게 과정 설명과 주위 환경 파악 능력이 있는가?					
	3. 부적용 피부 상태 파악 능력이 있는가?					
	4. 금속 액세서리는 제거되었는가?					
	5. 피부미용기기 상태 파악 및 관리 능력이 있는가?					

평가일		평가자	
실습자명		고객명	

PART 5

NCS기반 몸매균형관리학

피부미용 몸매 팩·마스크하기

5-1 몸매 팩 · 마스크

학습목표

1. 몸매 피부유형에 따른 팩과 마스크 종류를 선택할 수 있다.
2. 제품 성질에 맞게 팩과 마스크를 사용할 수 있다.
3. 관리 후 팩과 마스크를 안전하게 제거할 수 있다.

1. 몸매 팩 · 마스크의 이해

신체 피부유형에 따른 팩이나 마스크를 선택하고 성질을 파악하여 영양물질을 도포한 후 일정 시간이 경과되면 안전하게 제거함으로써 지친 피부(유 · 수분)를 활성화시켜주는 작업이다.

2. 몸매 팩 · 마스크의 효과

몸매 피부에 필요한 영양과 보습 작용으로 탄력 증가와 피지조절과 각질제거로 청정 작용을 한다.

3. 몸매관리에 많이 쓰이는 팩 · 마스크 종류

① 신체후면관리 : 보습 팩, 림프 순환, 혈액 순환

② 복부관리 : 셀룰라이트, 보습, 림프 배농, 탄력

③ 손, 발관리 : 보습, 림프 배농, 혈액 순환

④ 발, 다리관리 : 부종, 보습, 림프 배농, 혈액 순환, 탄력

⑤ 가슴관리 : 탄력, 보습, 림프 배농

4. 팩(Pack)과 마스크(Mask)의 차이

팩(Pack)	피부에 막을 만들며 굳지 않고 공기가 통한다.
마스크(Mask)	딱딱하게 굳으며 공기가 차단되고 수분 증발을 막으며 영양성분 침투를 돕는다.

5. 팩, 마스크 수행순서

① 고객을 베드 위에 눕히고, 머리를 터번으로 정리한다.

② 몸매 팩, 마스크 제품 및 도구 준비

③ 손소독 및 영양제품 흡수(매뉴얼테크닉-쓸어서 펴바르기, 밀착하여 펴바르기)

④ 팩 또는 마스크를 물과 잘 섞는다.

⑤ 잘 섞인 팩 · 마스크제를 몸매 부위에 골고루 도포한다.

⑥ 눈에는 아이크림, 입술에는 립크림을 바른다.

⑦ 팩 · 마스크를 바른 후 20분 경과 후 제거한다.

⑧ 일회용 해면이나 화장 솜으로 1차로 닦아 낸다.

⑨ 잔여물은 냉습포로 닦아 낸다.

⑩ 토너로 몸매 부위를 정돈한다.

⑪ 경우에 따라 타월로 닦아 줄 수도 있다.

6. 몸매 팩 · 마스크 시 주의 사항

① 베드에 비닐을 깔아서 주변이 팩 · 마스크부터의 오염을 방지한다.

② 고객이 금속 액세서리 착용여부를 확인한다.

③ 몸매 팩 · 마스크 금기 사항을 체크한다.

④ 관리 부위를 제외한 다른 부위는 타월로 감싸 고객이 불편(수치감, 체온)하지 않도록 배려한다.

⑤ 천연 팩 경우 변질의 우려가 있으므로 사용 직전에 바로 만들어 사용한다.

⑥ 예민한 피부는 사전에 사용할 제품에 대한 패치 테스트를 실시한다.

1) 몸매 팩 · 마스크 관리 예시(상체)

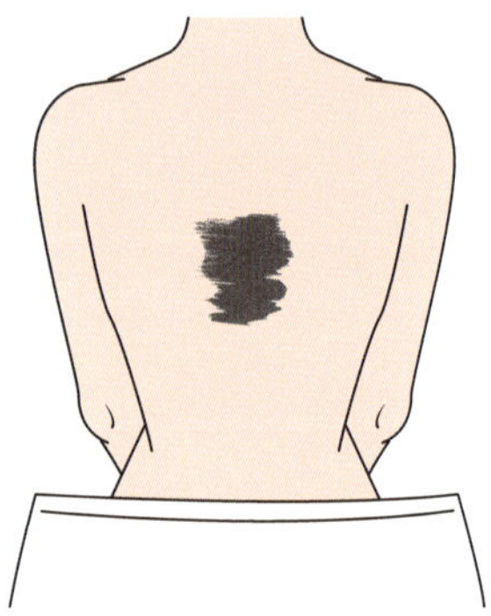

(1) 신체후면 부위에 맞는 팩제를 선택

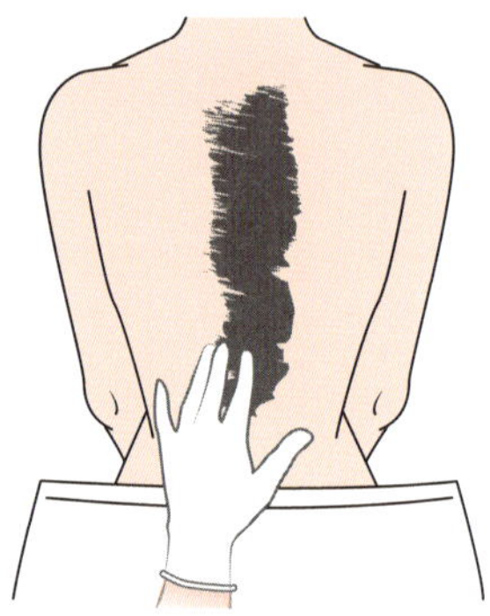

(2) 일회용 장갑을 이용하여 팩 · 마스크를 도포

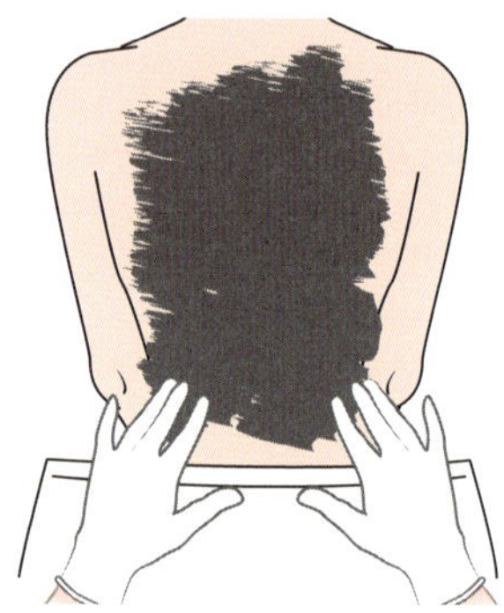

(3) 신체후면 부위에 팩 · 마스크를 전체적으로 도포

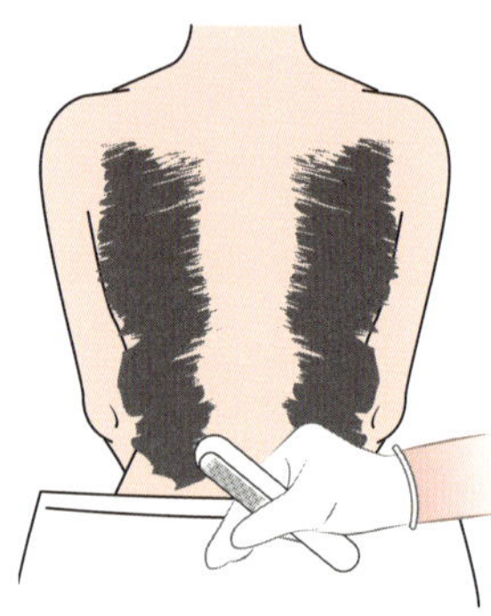

(4) 스파츌라를 사용하여 팩제를 제거

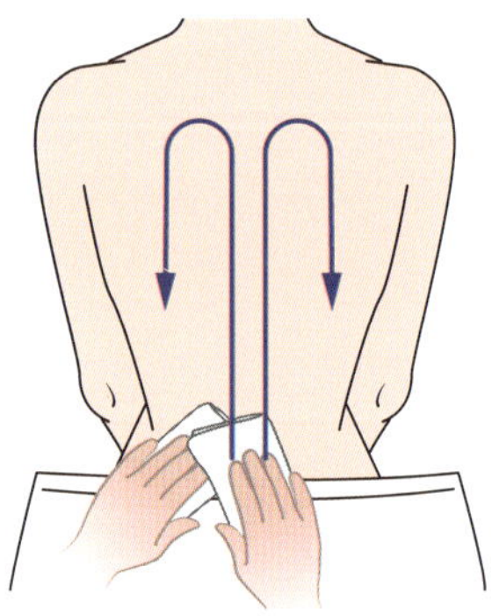

(5) 습포를 사용하여 닦아낸다.

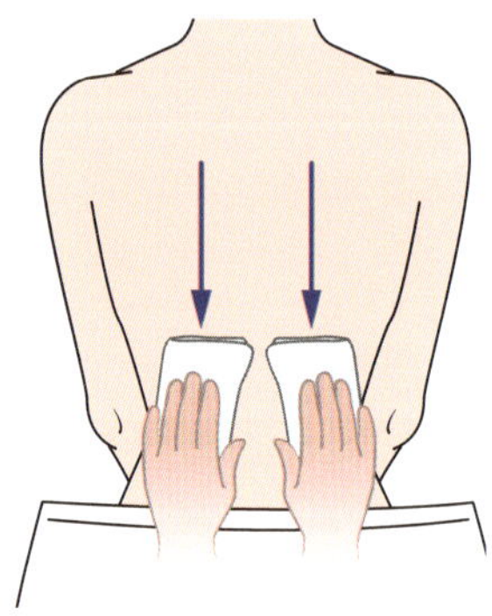

(6) 토너로 마무리

2) 몸매 팩 · 마스크관리 예시(하체)

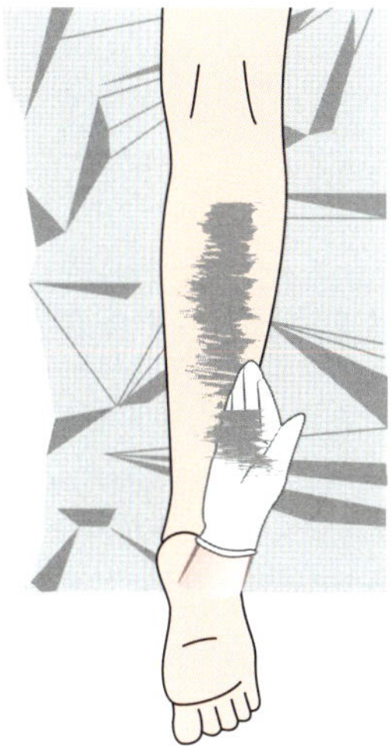

(1) 발, 다리 부위에 맞는 팩제 선택

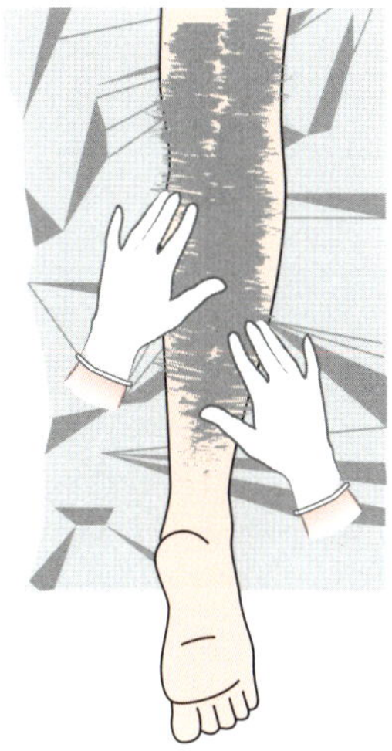

(2) 1회용 장갑을 이용하여 발, 다리 전체 부위에 팩 · 마스크 도포

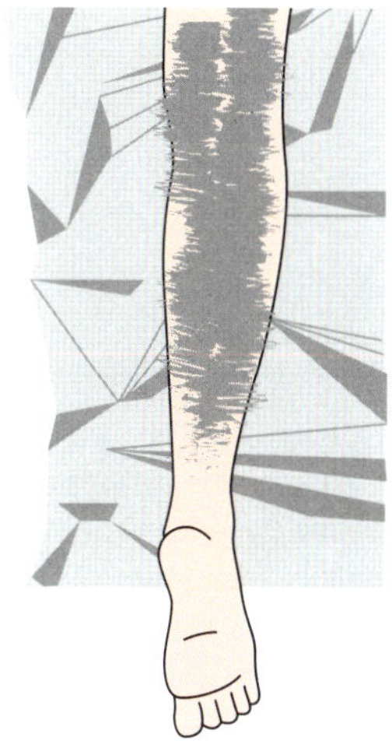

(3) 발, 다리 전체 부위를 감싸 준다.

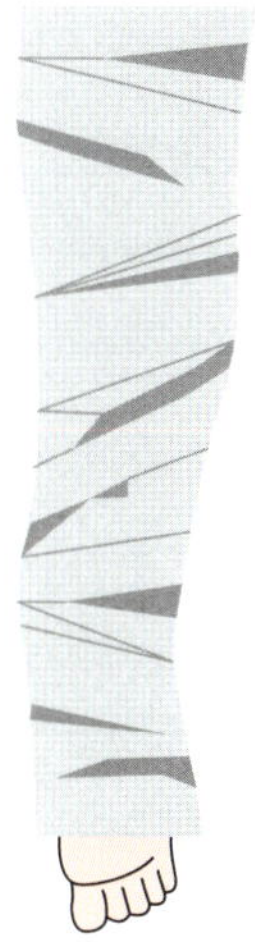

(4) 발, 다리 전체 부위를 감싸 주고 일정시간 기다린다.

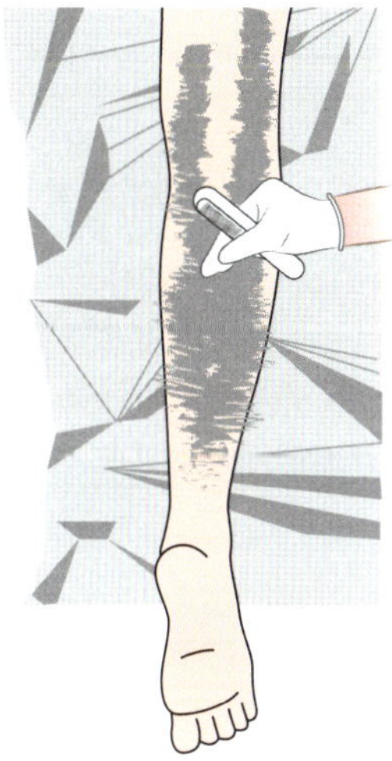

(5) 스파츌라를 사용하여 팩제를 제거한다.

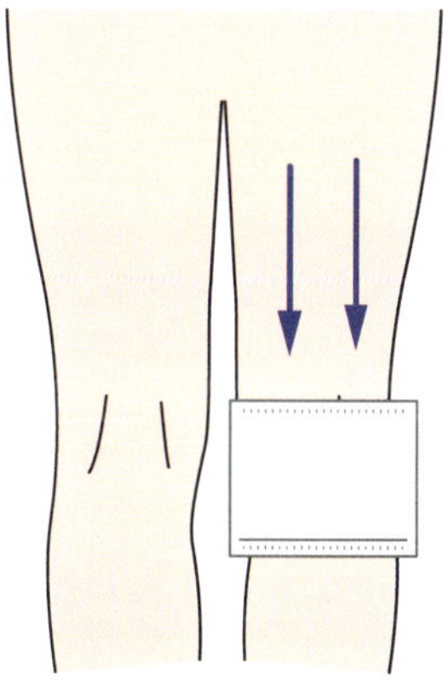

(6) 습포를 사용하여 닦아 낸다.

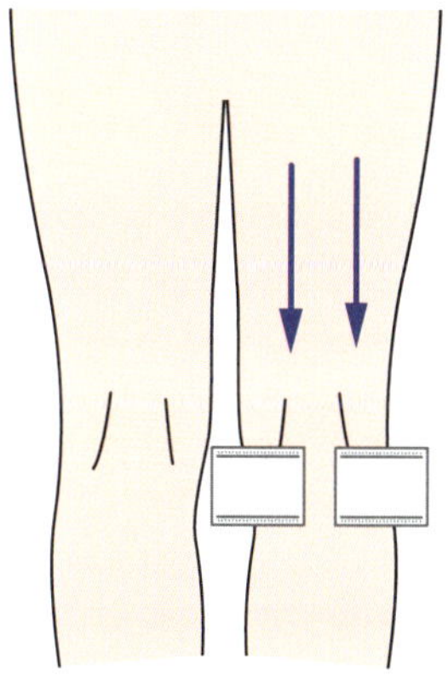

(7) 토너로 마무리

5-2 몸매관리 마무리

학습목표

1. 몸매관리가 끝난 후 토너로 피부정리를 할 수 있다.
2. 고객의 몸매 피부유형에 따른 기초화장품류를 선택할 수 있다.
3. 해당 부위에 맞는 제품을 선택 후 특성에 따라 적용할 수 있다.
4. 피부손질이 끝난 후 몸매를 가볍게 이완할 수 있다.

1. 몸매관리 마무리 이해

몸매관리가 끝난 후 피부 부위별 유형에 따른 기초화장품을 선택하여 바르고 보호할 수 있도록 마무리 하는 작업이다.

2. 마무리 기초화장품의 종류

(1) 토너

피부의 pH를 정상화한다.

(2) 로션, 크림, 오일

피부의 유 · 수분 밸런스 정상화한다.

(3) 자외선 차단제

자외선으로부터 피부 보호한다.

3. 몸매관리 마무리 화장품의 사용 목적

① 셀룰라이트를 완화시킨다.
② 피부의 정체된 순환을 완화하여 몸매를 정상화시킨다.
③ 피부의 림프 흐름의 활성화시킨다.
④ 보습력을 유지 및 강화시킨다.

4. 마무리 수행순서

① 터번으로 머리를 정리한다.
② 토너로 몸매 부위를 정돈 한다.
③ 선별한 제품을 쓸어서 펴바르기, 토닥토닥 펴바르기(매뉴얼테크닉)
④ 낮인 경우 자외선 차단제를 덧발라 준다.
⑤ 주변을 정리정돈 한다.

5-3 학습 평가 방법

분류번호 : 1201010220_20v6
능력단위 명칭 : 피부미용 몸매 팩 · 마스크

1. 학습 방법 및 평가 방법

① 몸매 팩 · 마스크를 하기 위해서 피부상태와 피부유형에 맞는 팩과 마스크의 종류를 선택할 수 있도록 학습시키고 평가한다.
② 피부 유형에 맞는 팩이나 마스크를 선택해 두께를 고르게 바를 수 있도록 학습시키고 평가한다.
③ 몸매 팩 · 마스크관리를 위생적이고 안전하게 그리고 깨끗하게 제거할 수 있도록 학습시키고 평가한다.
④ 몸매 피부유형에 따른 기초화장품류를 선택하여 관리할 수 있고 고객을 교육하고 자가 조언해 줄 수 있도록 학습시키고 평가한다.

2. 평가 준거

평가자 평가 사항

학습내용	학습목표	성취수준		
		상	중	하
몸매 팩 · 마스크	- 몸매 피부유형에 따른 팩과 마스크 종류를 선택할 수 있다.			
	- 제품 성질에 맞게 팩과 마스크를 사용할 수 있다.			
	- 관리 후 팩과 마스크를 안전하게 제거할 수 있다.			
몸매관리 마무리	- 몸매관리가 끝난 후 토너로 피부정리를 할 수 있다.			
	- 고객의 몸매 피부유형에 따른 기초화장품류를 선택할 수 있다.			
	- 해당 부위에 맞는 제품을 선택 후 특성에 따라 적용할 수 있다.			
	- 피부 손질이 끝난 후 몸매를 가볍게 이완할 수 있다.			

평가자 체크리스트

학습내용	평가항목	성취수준		
		상	중	하
몸매 팩 · 마스크	- 손 소독 여부			
	- 위생적 팩 · 마스크 도포 능력			
	- 피부 유형에 맞는 팩 · 마스크 사용 여부			
	- 순서에 맞는 팩 · 마스크 도포 능력			
	- 마무리에 습포를 알맞게 사용하는지 여부			
	- 토너 사용 여부			
	- 팩의 두께를 고르게 바르는 능력			
몸매관리 마무리	- 토너 사용 여부			
	- 피부유형별 제품 선택 능력			
	- 관리 후 몸매 이완 유무			

작업장 평가

학습내용	평가항목	성취수준		
		상	중	하
몸매 팩 · 마스크	- 위생적인 손 소독 여부			
	- 고객 위생과 청결 유지 여부			
	- 팩 · 마스크 도포의 적합성			
	- 팩 · 마스크 제거의 위생성			
	- 습포 사용의 적합성			
몸매관리 마무리	- 피부유형에 맞는 적합한 마무리 구사 능력			
	- 피부특성에 맞는 제품 선택 능력			
	- 관리 후 몸매 이완 실시 능력			

분류번호 : 1201010220_20v6

능력단위명칭 : 피부미용 몸매 팩 · 마스크

능력단위요소 : 1201010220_20v6.1 몸매 팩 · 마스크하기

영역	평가내용	평가				
		5	4	3	2	1
수행준거1.1	몸매 피부유형에 따른 팩과 마스크 종류를 선택 할 수 있다.					
수행준거1.2	제품성질에 맞게 팩과 마스크를 사용할 수 있다.					
수행준거1.3	관리 후 팩과 마스크를 안전하게 제거할 수 있다.					
실습자 (고려사항)	1. 피부유형과 맞는 제품을 선택하는 능력이 있는가?					
	2. 팩 · 마스크의 도포 및 제거 능력이 있는가?					
	3. 마무리 처리 능력이 있는가?					

평가일		평가자	
실습자명		고객명	

분류번호 : 1201010220_20v6

능력단위명칭 : 피부미용 몸매 팩 · 마스크

능력단위요소 : 1201010220_20v6.2 몸매관리 마무리하기

영역	평가내용	평가				
		5	4	3	2	1
수행준거2.1	몸매관리가 끝난 후 토닉으로 피부정리를 할 수 있다.					
수행준거2.2	고객의 몸매 피부유형에 따른 기초화장품류를 선택할 수 있다.					
수행준거2.3	해당 부위에 맞는 제품을 선택 후 특성에 따라 적용할 수 있다.					
수행준거2.4	피부손질이 끝난 후 몸매를 가볍게 이완할 수 있다.					
실습자 (고려사항)	1. 피부유형과 맞는 제품을 선택하는 능력이 있는가?					
	2. 팩 · 마스크의 도포 및 제거 능력이 있는가?					
	3. 마무리 처리 능력이 있는가?					

평가일		평가자	
실습자명		고객명	

참고 자료

- NCS학습모듈 대분류12. 중분류. 이미용. 이미용서비스. 피부미용 국가직무능력평가표준 학습모듈 2020 개정부분
- 강승주 외 (2015). PACIFIC GROSS ANATOMY. 퍼시픽북스.
- 고혜정 · 김금란 · 김정숙 외(2014). 『미용과 근육』. 메디시언.
- 교육부(2017). 몸매관리(LM1201010215,16,17,18,19,20_14v2). 세종 : 한국직업능력개발원
- 이윤관 저 (2013). 비만과 체중관리. 대경북스.
- 이재남 외 (2013). 기초전신관리학. 구민사.
- 전소현 외 (2016). NCS기반 전신관리학. 구민사.
- 이은우 외 (2018). NCS기반 적용교육! 몸매관리. 메디시언.
- 김경연 외 (2021). 비만 및 체형관리학. 메디시언.
- 강승주 외 (2015). GROSS ANATOMY. 퍼시픽북스.

몸매고객관리카드

고객기본정보 상담일자 : / /

고객명	(남 / 여)		생년월일	(나이 : 세)	
연락처			E-mail		
직업		키	cm	체중	Kg
주소					

1) 라이프스타일

과거 관리 경험	□ 유 □ 무 □ 얼굴 □ 바디		
피부 성격	□ 예민 □ 보통 □ 매우 예민		
피부타입	□ 정상 □ 지성 □ 건성		
음주 습관	□ 유(회/주) □ 음주 거의 안함		
흡연 습관	□ 유(개피/일) □ 흡연하지않음 □ 가끔함		
다이어트 경험	□ 유 □ 무		
운동 습관	□ 유(회/주) 운동종류 : □ 무		
알러지 유무	□ 유 □ 무	기타	

2) 관리 방법

관리목적 및 기대효과	관리목적	
	기대효과	
클렌징	□ 오일 □ 크림 □ 밀크/로숀 □ 젤	
딥클렌징	□ 스크럽 □ 아하 □ 고마쥐 □ 효소	
메뉴얼테크닉 제품선택	□ 오일 □ 크림	
손을 이용한 관리형태	□ 메뉴얼테크닉	
팩	□ 건성타입 팩 □ 정상타입 팩 □ 지성타입 팩	
자기 관리 조언 (홈케어)	제품을 사용한 관리	
	기타 :	

몸매고객관리카드

3) 바디 분석표 (Body Consultation Sheet)

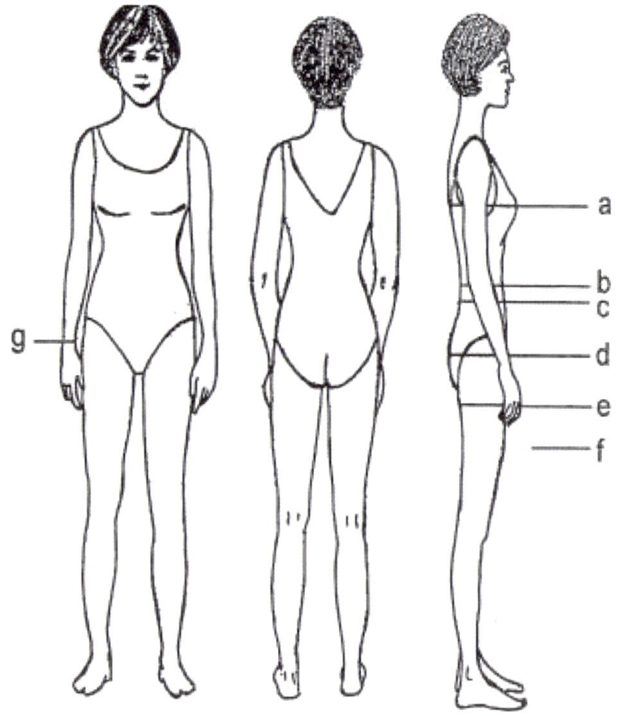

Indicate on diagram the measurements of
(측량값 표시)

a	bust(가슴둘레)	cm
b	waist(허리둘레)	cm
c	hips(배둘레)	cm
d	buttock(엉덩이둘레)	cm
e	thigh(right)(대퇴/오른쪽)	cm
f	thigh(left)(대퇴/왼쪽)	cm
g	wrist(손목)	cm

Using the following key, indicate
(좌측표에 아래그림 표시)

Fat(지방) XXXXX
Cellulite(셀룰라이트) /////
Poor muscle (빈약한 근육) #####
Strech marks(튼살) SSSSS

Posture falts(자세의 결점) :

4) 요구 범위 확인

관리 목적	관리 회차	관리 간격

5) 관리 프로그램

		관리 시 금기사항
사용할 테크닉 (Techniques used)		
선택한 이유 (Reason for choice)		
관리 부위 (Treatment area)		

고객동의서	본인은 관리사가 설명해주고 시행하려는 관리내용에 대해 모두 동의하고 관리 받는다. 또한 좀 더 효율적이고 알맞은 관리를 위하여 고객의 정보를 수집하는데 동의한다. 고객 성명 (서명)
관리사 서명	상담을 통해 수집한 고객의 정보는 보호하고 안전을 유지하여 고객의 기밀을 유지하도록 한다. 관리사 성명 (서명)

몸매고객관리카드

고객기본정보 상담일자 : / /

고객명	(남 / 여)		생년월일		(나이 : 세)
연락처			E-mail		
직업		키	cm	체중	Kg
주소					

1) 라이프스타일

과거 관리 경험	□ 유 □ 무 □ 얼굴 □ 바디		
피부 성격	□ 예민 □ 보통 □ 매우 예민		
피부타입	□ 정상 □ 지성 □ 건성		
음주 습관	□ 유(회/주) □ 음주 거의 안함		
흡연 습관	□ 유(개피/일) □ 흡연하지않음 □ 가끔함		
다이어트 경험	□ 유 □ 무		
운동 습관	□ 유(회/주) 운동종류 : □ 무		
알러지 유무	□ 유 □ 무	기타	

2) 관리 방법

관리목적 및 기대효과	관리목적	
	기대효과	
클렌징	□ 오일 □ 크림 □ 밀크/로숀 □ 젤	
딥클렌징	□ 스크럽 □ 아하 □ 고마쥐 □ 효소	
메뉴얼테크닉 제품선택	□ 오일 □ 크림	
손을 이용한 관리형태	□ 메뉴얼테크닉	
팩	□ 건성타입 팩 □ 정상타입 팩 □ 지성타입 팩	
자기 관리 조언 (홈케어)	제품을 사용한 관리	
	기타 :	

몸매고객관리카드

3) 바디 분석표 (Body Consultation Sheet)

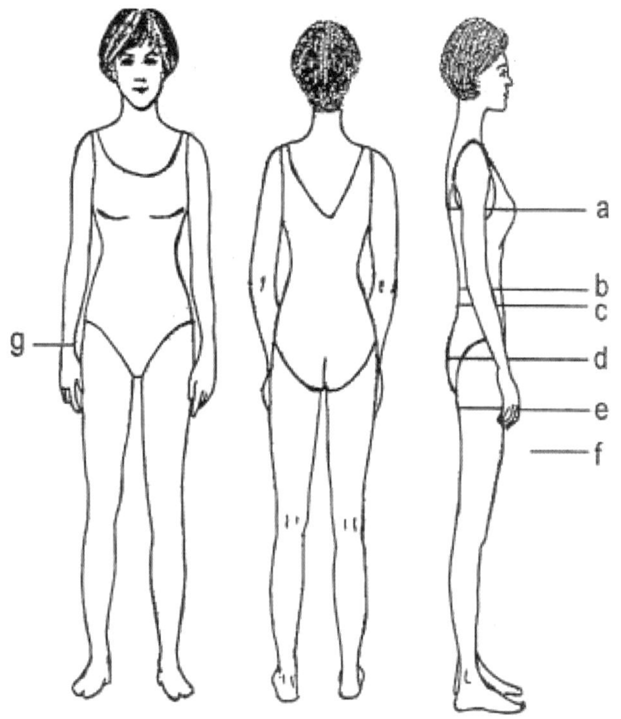

Indicate on diagram the measurements of (측량값 표시)		
a	bust(가슴둘레)	cm
b	waist(허리둘레)	cm
c	hips(배둘레)	cm
d	buttock(엉덩이둘레)	cm
e	thigh(right)(대퇴/오른쪽)	cm
f	thigh(left)(대퇴/왼쪽)	cm
g	wrist(손목)	cm

Using the following key, indicate (좌측표에 아래그림 표시)

Fat(지방) XXXXX
Cellulite(셀룰라이트) /////
Poor muscle (빈약한 근육) #####
Strech marks(튼살) SSSSS

Posture falts(자세의 결점) :

4) 요구 범위 확인

관리 목적	관리 회차	관리 간격

5) 관리 프로그램

		관리 시 금기사항
사용할 테크닉 (Techniques used)		
선택한 이유 (Reason for choice)		
관리 부위 (Treatment area)		

고객동의서	본인은 관리사가 설명해주고 시행하려는 관리내용에 대해 모두 동의하고 관리 받는다. 또한 좀 더 효율적이고 알맞은 관리를 위하여 고객의 정보를 수집하는데 동의한다. 고객 성명 (서명)
관리사 서명	상담을 통해 수집한 고객의 정보는 보호하고 안전을 유지하여 고객의 기밀을 유지하도록 한다. 관리사 성명 (서명)